書き込み式でよくわかる

農家の事業承継ノート

世代交代に向けた
話し合いのきっかけに

伊東 悠太郎

竹本 彰吾

家の光協会

はじめに

　2022年11月に『今日からはじめる農家の事業承継〜2万人の跡継ぎと考えた成功メソッド〜』を竹本彰吾さんと共著で出版し、大変大きな反響を頂きました。やはり農業界の事業承継は大きな経営課題だなと確信したところです。

　しかし我々の目指しているのは、共感ではなく実践です。著書を読み、「さぁ動き出さなければ！」と思っていただいた方々が、実際にアクションを起こすためのツールが必要だということで、本書を作成しました。提唱している「対話型事業承継」を意識し、経営者と後継者、両者の近くにいる家族や従業員、そしてＪＡ職員や行政職員などの支援者とともに、本書に取り組んでいただくことで、気持ちの整理や経営の整理、最終的には事業承継計画の作成までつながるようになっています。

　事業承継は100軒100通り、すべてが物語です。みなさんの思いや考えをどんどん書き込んでいき、オリジナルの物語を描いていくことで、1つでも多くの経営体でスムーズな事業承継が実践されることを切に願っています。

農業界の役に立ちたい

代表　伊東　悠太郎

　事業承継の実例や手引き的なものは、農林水産省やＪＡグループ、他産業、コンサルなどから多く発信されているんですが、現場からは「事業承継についての情報が少なすぎる」という声をよく聞きます。おそらく、情報が少なすぎるのではなく、適切にリーチしていないのでしょう。

　そんな中、ボクの場合は、「事業承継プラス人材育成」「ユニークなお米の販売戦略とあわせて事業承継についても」という切り口で講演のお声がけをいただきます。良い点は「真正面から受け止めい！　目を逸らすな！」となるとしんどくなる事業承継を、別テーマに添えることで、「わ、

私はお米の販売戦略に興味があって聞きにきてるんだからね！」という"ムッツリ事業承継"（事業承継は気になるけど関心なさそうに振る舞っている）も納得のしつらえになること。こっそり記入を試みるところからスタートしていただいて、OK。埋めきれなくても、書き出した時点で一歩進んでいますよ。

有限会社たけもと農場

代表取締役　竹本　彰吾

【この本について】

●本書は、全体を通じて経営者と後継者という表現を使用していますが、それぞれの経営体の実態に合わせて、親から子、祖父から孫、社長から従業員など、置き換えてご活用ください。夫婦、兄弟姉妹など後継者が複数いる場合も、同様に置き換えてください。

●記載している内容は、2023年10月時点の情報に基づいています。

●本書で使用する様式のフォーマットは、noteページよりダウンロードできます。

(右の二次元コードでアクセス下さい)

もくじ

準備編

実践編

事業承継って言われても…

[あるところでは…]

農家の親父あるあるですね！ 農家は生涯現役を地で行く人が多いから……。
ケンカだけでなく、建設的な議論にすすめていきたいですね。

[また、あるところでは…]

農家の子どもや孫でも、就職する人は多いですよね。
とはいえ、辞めるタイミングは、とても難しい。納得のいく決断をしたいですよね。

[どうすればいいのか]

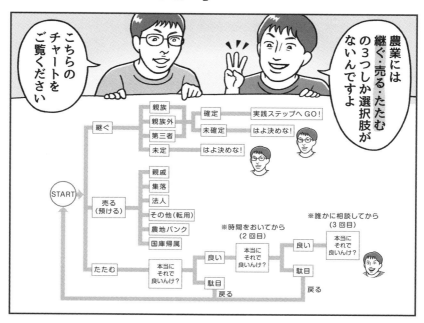

人生の決断は、シンプルに考えることが大切ですよね。
改めて、自分に問うためにも、次ページのチャートを見てみてください。

[まずは書き込み]

事業承継のスタートはなにか？　ずばり、自分の思いを文字にすることです。
この本に書き込んだ日が、あなたの事業承継記念日です！

5

［ 準備編 ］Preparation

そもそも事業承継とは？

「事業承継終わりましたか？」と聞かれたらみなさんはなんと答えるでしょうか？「うちは終わったよ」「まだ途中だね」「始まってもないよ」など、いろいろな答えが出てくると思いますが、それは一体何を基準にそう回答しているのでしょうか。よくあるのは、「名義変更をしたから」という基準ですが、名義は後継者になっていても、実権はまだ握れていないケースも多々あります。

　そこで本書では、事業承継を「現経営者が万が一、突然農業経営から退くことになったとしても、現経営者以外の人材でスムーズに農業経営が行える状態」と定義したいと思います。その状態にするために、本書を活用して、準備を進めていきましょう。

事業承継の流れ

準備段階	1	事業承継の必要性・重要性を認識する
	2	後継者を確保する
計画段階	3	農業経営の実態を把握する
	4	事業承継計画を作成する
実行段階	5	事業承継計画を実践する
	6	事業承継計画を見直す

後継者をすぐに確保できないよって人は、先に退く日を決めるっていうのも良いかも。

考えをまとめる判断チャート

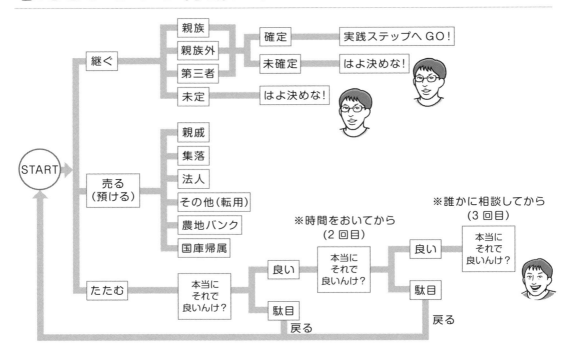

準備段階 1

事業承継は、みなさんがその必要性・重要性をしっかりと認識しなければ取り組みは始まりません。事業承継は大事だとは思っているけど…という方も多いと思いますが、ここで問いかけたいのは「わかってはいるけど」よりもう一歩先の「よし、やろう!」というレベルです。

準備段階 2

「よし、やろう!」となれば、次は後継者の確保です。まず定着率も高く周囲の理解も得やすい親族に候補者がいないか確認しましょう。親族が難しいようであれば、次に従業員や地域の担い手などに候補者がいないか確認しましょう。それも難しいようであれば、新規就農者や移住就農者などの第三者を探しましょう。

計画段階 3

無事に後継者が確保できれば、次は後継者とともに農業経営の実態を把握していきましょう。後継者は何がわからないのかがそもそもわからないケースも多くあります。コミュニケーションをしっかりと取りながら、一つひとつ確認していきましょう。

計画段階 4

農業経営の実態が把握できれば、次は後継者とともに事業承継計画を作成しましょう。計画を作成する中で、経営者と後継者の意識の共有を図り、どんな農業経営を目指していくのか、そのためにいつまでにどんなことに取り組んでいくのかを考えましょう。

実行段階 5

事業承継計画が完成すれば、次は実践あるのみです。進捗管理をしながら、目標に向かって実践していきましょう。

実行段階 6

事業承継計画の実践ができれば、次は定期的に見直しをしましょう。最初に作成した計画通りにいけば苦労しません。実践する中で、修正した方が良いもの、追加した方が良いものなどたくさん出てくると思いますので、随時見直しを行い、時間をかけて事業承継計画をより良いものにしていきましょう。

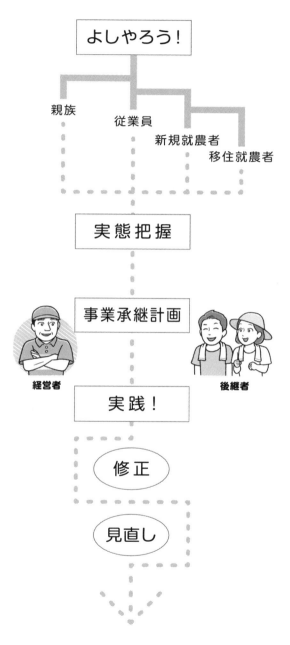

誰にバトンパスしますか？

　準備段階2で後継者の確保について触れましたが、みなさんはいったい誰にバトンパスしたいと考えていますか？　誰に渡すのか、その相手は親族なのか、親族外なのか、第三者なのかによって、取り組むべき事項は変わってきます。これまでは血縁のバトンパスがほとんどでしたが、近年ではそうではないバトンパスも増えてきています。特に第三者承継を希望する方は時間がかかります。メリットや課題をしっかりと理解した上で、決めていきましょう。

　事業承継にはいろいろな決断が必要になってきますが、まず最初の大きな決断は相手を決めることです。この決断にはみなさんの価値観が大きく影響してくるはずです。家族や従業員、構成員、関係者の意見も聴きながら、納得できる決断をしていきましょう。

　下にある「事業承継のパターン」を参考に、メリットと課題を考えていくことが大切です。そして、もっともリスクとなるのは、「決断しないこと」だということも、頭に入れておいてください。

事業承継のパターン

パターン	例	メリット	課題
親　族	子供、孫、婿、妻、兄弟姉妹、親戚 など	●周囲の理解が得られやすい。 ●定着率が高い。	関係性が近すぎるが故に、適切なコミュニケーションが取りにくい。 候補者が限定的。
親族外	従業員、構成員、など	●血縁に次いで、 ●周囲の理解が得られやすい。	従業員や構成員に経営者になりたいという人がいるかどうかはわからない。
第三者	新規就農者、移住希望者、規模拡大の意向がある若手農業者など	●血縁や地縁にこだわらなければ選択肢を広げられる。 ●適度な距離感があるので、コミュニケーションが取りやすい。	●後継者候補を見つけるまでに時間がかかる。 ●後継者候補が見つかったとしても、合意できるとは限らない。 ●資産評価の合意が取りにくい。

日本農業の最大の問題は、「決めていない農家が多すぎる」こと。誰に継がせたいかを決めてやっとスタートラインに立つ感じかな？最初にして一番大きな山場かも！

コラム

天皇家がモデルケース

政治、宗教的な意図はないと明確にした上で、モデルケースは天皇陛下（現上皇陛下）の生前退位です。事の始まりは、「務めを果たしていくことが難しくなる」というお気持ち表明でしたね。これまでの代替わりは天皇崩御の日でしたが、明日なのか30年後なのかもわからない日に向かって準備をするというのは大変です。退く日

共同通信社

が決まり、カウントダウンが始まったことで、皇太子殿下（現天皇陛下）の覚悟が決まったんじゃないでしょうか。

定年がないような職種は、まず「退く日を決めること」ができるかどうかが大きな分岐点ですが、ここで葛藤する人が多いと思います。「農業者」と「経営者」の引退がごちゃまぜになってしまっている場合もあって、余計にカオスですよね。農業者としては生涯現役で良いと思いますが、経営者としてはある程度の年齢で後進に道を譲るのが良いのではないでしょうか。

次に皇室の場合は、各種儀式が決まりましたね。つまり、「やること」が明確になったわけです。連動する形で国会が予算を成立させ、特例法も可決してという感じで、当事者（天皇と皇太子）だけではなく、周囲もふくめて動いていったわけです。

退く日とやることの2つが決まれば行程表を作ることができるようになるでしょう。事業承継における手続きはある程度整理されていますが、それ以外の部分は曖昧すぎて、個々の経営体で考えなきゃいけないところが辛いですよね。相続や確定申告のように、面倒くさくてもやることや期日が整理されていれば、専門家の力を借りてでもなんとかなりますが、事業承継はそうはいかないですよね。

昭和から平成と、平成から令和への変化の圧倒的な違いは、喪に服していたかどうかですね。ちょっと時間が経ってしまっていますが、平成から令和の代替わりの前後の社会の空気って、「新しい時代の幕開けだ！」という感じで、「ハッピーな感覚」じゃなかったですか？　その感覚の中でバトンパスできるかどうかって圧倒的な違いだと思うんです。

譲れないことシート（経営者のみなさんへ）

　後継者を決めていく中で、経営者の方にとって、「譲れないこと」を明確にしていくことも重要です。

　結婚相手に求める条件を考えるのと似ているのですが、「年齢は〇〇歳以下で、年収〇〇〇万円以上、身長〇〇〇cm以上、趣味が合う人で、たばこは吸わない人がいい」と条件を考えていくイメージですね。譲れないことの裏返しは、"譲れること"なので、妥協しても良い条件も見えてきますね。個人的な意見としては、「これだけは絶対譲れん！」というものはいくつあっても良いと思いますが、理想を求めすぎると、誰も該当者なしという結末も想像できちゃうので、ある程度の妥協は必要でしょうね。考えをまとめる意味で気楽に書いてみましょう。

※★の数が多いほど重要度が高い。

全体		販売面	
（例）★★☆	性別は問わないが、40歳以下であることが望ましい。	（例）★★★	全量農協出荷で、部会全体で協力して販売すること。
☆☆☆		☆☆☆	
☆☆☆		☆☆☆	
☆☆☆		☆☆☆	
生産面		経営面	
（例）★★★	伝統野菜の〇〇を作ること。	（例）★★★	将来的に法人化を目指すこと。
☆☆☆		☆☆☆	
☆☆☆		☆☆☆	
☆☆☆		☆☆☆	
金銭面		その他	
（例）★☆☆	事業承継後も、技術指導料として月〇〇円を〇〇に支払うこと。	（例）★★★	屋号「〇〇〇」を名乗ること。
☆☆☆		☆☆☆	
☆☆☆		☆☆☆	
☆☆☆		☆☆☆	

支援者が経営者にヒアリングしながら書いてもいいね

後継者が将来のことを想定して書くのもいい！

○いつまでにバトンパスしますか？

　事業承継を考える時に、「後継者が決まらないから話を進められない」という声もたくさん寄せられます。そんな時は、経営者の方が「退く日」を決めるところから考えてみましょう。具体的に年月日を入れることができれば、必然的にカウントダウンができますよね。これでお尻に火がついて、逆算してその日までに後継者を決めなければならないという感覚になれば、後継者を決めるために何が必要かという考えに至るはずです。それも大事な一歩ですよね。

【退く日】

20　　年　　月　　日(　　歳)	カウントダウン		
	残り年月	年	か月
この日を選んだ理由			

　とはいえ、「後継者も、退く日も簡単に決められないよね～」という声も聞こえてきそうです。そんな時は、「決める日」を決めるところから始めるのも、良いのではないかと思います。簡単に決められないことだという気持ちは重々理解できますが、そうなると未来永劫決まらないですよね。ここは心を鬼にして、いつまでに結論を出すのかということを決めて、退路を断ちましょう！

【決める日】

20　　年　　月　　日(　　歳)	カウントダウン		
	残り年月	年	か月
この日を選んだ理由			

◆後継者（候補者）リスト

	氏名	年齢	関係性	可能性
候補者1				☆☆☆
候補者2				☆☆☆
候補者3				☆☆☆

事業承継の6つのポイント

　事業承継をスムーズに進めていくためには、大きく6つのポイントがあります。本書はこれらのポイントを意識した項目を盛り込んでいますので、内容に沿って進めていただければ、スムーズに取り組みが進むようになっています。

①話し合いのきっかけを作ろう！

　1つ目のポイントは、**きっかけを作る**ことです。「事業承継は必要だ！」「これは、ぜひ取り組まなければ！」と多くの農業者が思っている一方、実際になんらかの取り組みをしている農業者は、とても少ないのが現実です。「頭ではわかっていても、なかなか取り組むきっかけがない」という声が本当に多く寄せられます。「頭ではわかっているけど」「取り組むきっかけがない」という気持ちはよくわかりますが、だからこそより意識的にきっかけを作る努力が必要です。

セミナーに参加することも、
きっかけになる！

②定期的に話し合おう！

　2つ目のポイントは、**定期的に話し合いをする**ことです。事業承継は、相続と違い、法的に期限が区切られていたり、締め切りがあるわけではないですし、すぐに目に見える結果が出るわけでもないので、どうしても後回しになる傾向があります。特に農繁期になれば、目の前の営農活動にどうしても注力し、やはり後回しになってしまう傾向があります。

　月に1回は開催日を決めて、短い時間でも話し合いをしていくことが大切です。例えば、毎月15日、第3土曜日といった具合に日にちを決め、定期的に話し合いの場を持ちましょう。

③ゴールと期限を決めよう！

　3つ目のポイントは、**目標となるゴールと期限を区切る**ことです。事業承継の定義はおそらく人それぞれで、期限もバラバラです。そこで各経営体でいつまでに何をすることがゴールなのかを決めることが大事です。そして、そのゴールは大きなものを1つ設定するよりは、小さなゴールをたくさん設定していくことが有効です。期限は具体的に 20XX年XX月XX日と設定すると、その瞬間にカウントダウンが始まり、あと何日で何をしなければいけないかが一気にはっきりとして、やる気スイッチがONになるはずです。

④第三者の支援を受けよう！

　4つ目のポイントは、**第三者の支援を受ける**ことです。事業承継の取り組みは当事者だけでもやれなくはないですが、親子、親族、地域、会社など、関係性が近すぎるが故に、かえってコミュニケーションが取りにくいケースも非常に多くあります。

　話し合いの内容によって、県・市町村職員、JA職員らと一緒に確認をしたり、相談をしたりすることで、よりスピーディーに、また多角的な視点で取り組みを進めることができるはずです。

普及　　　　　JA　　　県・市町村
指導員　　　　職員　　　　職員

⑤いろいろな立場で考えよう！

　5つ目のポイントは、**いろいろな立場になって考えること**です。例えば後継者の人はバトンを貰う立場だけで考えがちですが、それはいつか渡す立場になるわけなので、その視点で物事を見ると、見え方も変わってくるのではないでしょうか。夫婦や兄弟姉妹で継ぐというケースではまた違う立場もあるでしょう。また、第三者の支援を受けようと言いましたが、支援者の立場から農業者であるみなさんを見た時に、支援がしやすい立ち居振る舞いや環境になっているでしょうか。いろいろな立場で考えることで、建設的で活発な取り組みになるはずです。

⑥事業承継計画を作ろう！

　6つ目のポイントは、**事業承継計画を作る**ことです。事業承継は目に見えないもので、人によっても捉え方が様々です。その中で話し合いをしても、なかなか議論がかみ合いにくいと思います。

　だからこそ、誰に、いつまでに、どうやって事業承継をしていくのかを、「事業承継計画」として目に見えるようにすることで、取り組みが一気に具体的なものになります。また、実際に計画を作成する過程で、それぞれの意見をぶつけ合えることもその効果です。さらには、この計画が具体的になることで、家族や支援者など、対外的にも理解と協力を得られやすくなる効果もあります。

事業承継で受け継ぐものとは?

一般論では「人・モノ・お金・情報・顧客」の5つに分かれますが、ここでは実際の農業経営をイメージしていくことが必要です。右の図を参考にして、受け継ぐものを考えていきましょう。

ポイント1

「見えるもの」と「見えないもの」を意識しよう!

目に見えるものは比較的簡単ですが、目に見えないものはそこに意識を持たないと、受け継ぐものだと認識されません。経験則など、無形資産に目を向けてみましょう。

ポイント2

「農作業以外」を意識しよう!

多くの後継者はまず農作業を手伝うところから始めていると思います。農作業に関することは、着実に経験を積めるためそれほど心配ありませんので、あえてそれ以外の経営や営業手腕などにも目を向けてみましょう。

ポイント3

年間スケジュールを意識しよう!

農業経営には1年間の流れというものがあります。受け継ぐべきことを考える時に、「この時期に何をしているのかな?」と意識を持って考えてみると良いでしょう。

ポイント4

事業承継をきっかけに整備しよう!

受け継ぐべきものが、既にしっかりと整備されているとは限りません。経営者の長年の経験と勘のような暗黙知もたくさんありますので、事業承継のタイミングで、改めてしっかりと文字化や数値化をして、整備していくことも大事です。

右にいくつか例示してみました。ここに挙げたものだけでもたくさんのものがあると思いますが、あくまでも一例です。みなさんの経営体によって項目は変わってきますが、まず「生産」や「販売」などの大項目をイメージし、そこから枝分かれさせて具体的な受け継ぐべきものを考えてみましょう。

生産	販売	購買
●栽培技術 ●圃場データ ●年間スケジュール ●栽培ノウハウ ●作業日誌	●販売先 ●ネット販売 ●ECサイト ●GAP ●クレーム対応マニュアル	●生産資材 ●購入リスト ●燃料、電気 ●発注点整理 ●業者連絡先
農機具・施設設備	**加工**	**金融・共済**
●部品の発注 ●台帳整備 ●メンテナンス	●在庫管理 ●食品表示 ●商標	●通帳、ネットバンク ●印鑑 ●融資、借入 ●共済証書、保険証書
ブランド・歴史	**人間関係**	**年金**
●ロゴマーク ●屋号 ●家系図や沿革 ●家紋 ●経営理念、家訓、社是	●集落内 ●取引先 ●JA青年部や 　農業青年組織 ●商工会	●農業者年金 ●国民年金基金 ●iDeCo
雇用・労務	**手続き**	**免許・届出**
●求人方法 ●雇用契約書 ●各種社会保険 ●有給休暇制度	●土地（農地、林地、宅地） ●JA・土地改良区・ 　水利組合など ●役場、農業委員会、 　税務署 ●認定農業者	●大型特殊免許 ●食品衛生 ●ドローン ●フォークリフト ●狩猟免許
広報	**デジタル情報**	
●DM ●POP ●自社HP ●フェイスブック ●インスタグラム ●X（旧ツイッター）	●ID ●パスワード、暗証番号 ●秘密の質問	

まだまだあるはず

農業界の役に立ちたい

気持ちを伝えるシート(BEFORE)

経営者 → 後継者

　これから事業承継の話し合いを進めていくことになりますが、ここで経営者と後継者、あるいは配偶者、兄弟姉妹などその他の方もどういった気持ちで臨むのか、今何を考えていて、どういう思いを持っているのかなど、気持ちをしっかりと伝えてみてください。事業承継の話し合いで一番大事なことは、相手の気持ちをしっかりと理解することです。最初の段階でしっかりと思いを共有し、より良い話し合いにつなげていきましょう。

経営者

①農業経営を始めるようになったきっかけやこれまでの農業経営の変遷を
　話してみましょう。

②農業をしていて「誇りに思っていること」「嬉しかったこと」「ワクワクすること」を
　話してみましょう。

③どんな人に後継者になってほしいですか?

④譲れないこと、変えてほしくないことはなんでしょうか?

⑤事業承継はバトンパスです。バトンをつないでいく後継者に期待したいことを
　話してみましょう。

⑥先輩経営者として、これからどのような時代になるのか予想を書いてみてください。

気持ちを伝えるシート（BEFORE）

後継者　　→　　経営者

　後継者から経営者へ、「なぜ農業を志したのか」「なぜここで就農すると決めたのか」「正直、悩みや不安に感じていること」など、思いをしっかりと伝えてください。日頃、感じていたけれど、なかなか言い出せなかったことなど、ぜひ良い機会だと思って、話をしてみてください。経営者、後継者以外にも気持ちを伝えるべき人がいれば、ぜひ追加をお願いします。しっかりと相手に気持ちを伝えることが一番大事ですので、設問は自由にアレンジしてご活用ぜひください。

後継者

①なぜ農業をしたいと思ったのか、その経緯を話してみましょう。

②どんな農業経営を目指していくのか、考えを話してみましょう。

③譲歩してほしいこと、変えてほしいことはなんでしょうか？

④継ぐにあたって、不安や悩み、気になっていることを話してみましょう。

⑤バトンパス後、前経営者にどうあってほしいのか話してみましょう。

⑥これまで経営が続いてきた秘訣は何だったと思いますか？

※STEPがすべて完了した後に、もういちど「気持ちを伝えるシート（AFTER）」があります。

［ 実践編 ］Practice

事業承継のステップとは

　いよいよ「実践編」で事業承継の具体的な手順を解説していきます。本書では6つのステップに分け、ワークを通じて取り組みを進めていきます。

STEP① ルールを決めよう
話し合いを進めていく際のルールを共有し、協力しながら進める土台を作りましょう。

STEP② ライフプランを立てよう
農業に限らず、「家族のこと」「お金のこと」などについて、今後のライフプランを考えましょう。

STEP③ 歴史やルーツを調べよう
家族経営の場合は家系図を、集落営農組合や農業法人の場合は沿革を作成し、歴史を整理してみましょう。

STEP④ 農業経営を把握しよう
資産や労働力、機械装備やID・パスワードなど、農業経営を取り巻く様々な事項をしっかりと把握しましょう。

STEP⑤ やることリストを整理しよう
事業承継を実践するにあたって、具体的に何をするのか、"やること"を考えましょう。

STEP⑥ 事業承継計画を作成しよう
目標期限に向けて、着実に事業承継を実行できるように、「いつまでに」「何をするか」の事業承継計画を立てましょう。

今後の経営を担う
「後継者」が
主体的に進めて行くことが
成功のカギだよ！

STEP①
ルールを決めよう

　STEP①では、事業承継の話し合いを進めていくためのルールを決めていきます。話し合いが順調に進むかどうかは、このルールがしっかりと作れるかどうかにかかってきます。この話し合いに参画する人がみんな納得できるルールを協議して、話し合いをスタートさせましょう。

【ワークシート1－1】 当事者との話し合いのルール

No	項目	経営者 (　　　)	後継者 (　　　　)	当事者 (　　)	支援者 (　　　)
1	経営者は後継者の、後継者は経営者の意見を尊重します。	☐	☐	☐☐☐	☐☐☐
2	経営者は後継者に、持っているすべての知識や情報、経験を伝えます。	☐	☐	☐☐☐	☐☐☐
3	後継者は、経営者の長年の経験に裏打ちされた意見をしっかりと聴きます。	☐	☐	☐☐☐	☐☐☐
4	事業承継後の主体となる後継者を中心に取り組みます。	☐	☐	☐☐☐	☐☐☐
5	経営者は、後継者の一番の理解者であり、後継者のサポーターに徹します。	☐	☐	☐☐☐	☐☐☐
6	お酒を飲んでいない時に話し合いをします。	☐	☐	☐☐☐	☐☐☐
7	最終的に、継がないという判断をした場合も、その決定を尊重します。	☐	☐	☐☐☐	☐☐☐
8	話し合いには、必要に応じて、第三者を交えることとします。	☐	☐	☐☐☐	☐☐☐
9	後継者は、わからないことはわからないとはっきり意思表示をします。	☐	☐	☐☐☐	☐☐☐
10	毎回の話し合いの最後には、次回の日程を決めます。	☐	☐	☐☐☐	☐☐☐
11		☐	☐	☐☐☐	☐☐☐
12		☐	☐	☐☐☐	☐☐☐

【ワークシート1－2】 支援者との話し合いのルール

　本書では、普及指導員やJA職員らが支援しながら、取り組みを進めていくこととしています。そのため、支援者との間でも話し合いのルールを事前にしっかりと確認しましょう。

No	項目	経営者 （　　　）	後継者 （　　　）	当事者 （　　）	支援者 （　　）
1	話し合いの中で知り得た情報は、外部には一切漏らしません。	☐	☐	☐☐☐	☐☐☐
2	知られたくない情報は支援者には公開しません。	☐	☐	☐☐☐	☐☐☐
3	例外的に、対外的に情報を発信する場合は、全員の同意を得た上で行います。	☐	☐	☐☐☐	☐☐☐
4	支援者個人だけにとどめる事柄と支援者の所属する団体全体で共有する事柄はその都度確認します。	☐	☐	☐☐☐	☐☐☐
5	支援者などにやらされたという認識ではなく、農業者が主体となって取り組みます。	☐	☐	☐☐☐	☐☐☐
6	支援者が所属する組織では定期異動があるため、いつでも後任の担当者に引き継ぎが出来る状態にしておきます。	☐	☐	☐☐☐	☐☐☐
7	支援者との間でトラブルが発生した際の相談窓口を事前に確認します。	☐	☐	☐☐☐	☐☐☐
8		☐	☐	☐☐☐	☐☐☐
9		☐	☐	☐☐☐	☐☐☐
10		☐	☐	☐☐☐	☐☐☐

【ワークシート1−3】 話し合いの記録

　事業承継の話し合いは 何回も何回も話し合いをしていくことが大事です。話し合いで何を話したのかを毎回記入し、当事者以外の人が見た時や振り返った時にもわかるようにまとめましょう。また、必ず次回の日程や次回までにやることも決め、計画的な話し合いになるように進めていきましょう。支援者にも協力してもらい、進捗管理をしっかりとして、ズルズル先延ばしにしないようにしましょう。

	実施日	話し合ったこと	次回日程	次回までにやること
例	2023/4/1	事業承継ノートの進め方	2023/5/1	気持ちを伝えるシートを書く
1	／／		／／	
2	／／		／／	
3	／／		／／	
4	／／		／／	
5	／／		／／	
6	／／		／／	
7	／／		／／	
8	／／		／／	
9	／／		／／	
10	／／		／／	

計画的にやらないと、
ズルズル行っちゃうからねぇ〜

STEP②
ライフプランを立てよう

　STEP②では、農業に関することではなく、後継者を中心に将来の自分の人生や家族構成の変化などを考えてみましょう。「10年経てば、みんな10歳年を取る」ことを頭では理解していても、実際に表にすると改めて現実に気づかされることも多いと思います。

　まずは後継者自身が、いつ、何が起こって、どれくらいのお金が将来必要になるかなど、これからの生活をイメージすることが大切です。未来のことになるほど予想しづらくなりますが、特にお金のことは厳しめに見積もっておくと、現実感のあるシミュレーションになります。ＪＡのライフアドバイザーなどに相談しながら取り組むこともオススメです。

		過去			現在		
		2020年	2021年	2022年	2023年	2024年	2025年
		3年前	2年前	1年前	現在	1年後	2年後
経営者	年齢	57	58	59	60	61	62
	イベント	早期退職					
経営者妻	年齢	55	56	57	58	59	60
	イベント						ヨガ教室講師
長男	年齢	27	28	29	30	31	32
	イベント	結婚		健康診断で初期ガン発覚			二世帯住宅リノベーション
長男妻	年齢	26	27	28	29	30	31
	イベント	退職・出産		ワンボックスカー購入			
孫	年齢	0	1	2	3	4	5
	イベント				保育所入園		
次男	年齢	17	18	19	20	21	22
	イベント		高校卒業大学入学				大学卒業就職（公務員）

記入用は
P.26 から

【ワークシート2-1】ライフプランシート（ライフイベント）

①最初に名前と年齢を記入しましょう。

※親族承継、第三者承継の場合は、家族だけでなく、相手方の名前や年齢も記入しましょう。

②それぞれのライフイベント（農業以外）を記入しましょう。

③余裕があれば、そのライフイベントに必要なお金を記入しましょう。

年齢や子供の
入学・卒業など、
絶対に書けるものから
どんどん埋めていくと
良いね～

未来							
2026 年	2027 年	2028 年	2029 年	2030 年	2031 年	2032 年	2033 年
3 年後	4 年後	5 年後	6 年後	7 年後	8 年後	9 年後	10 年後
63	64	65	66	67	68	69	70
							リフォーム
61	62	63	64	65	66	67	68
33	34	35	36	37	38	39	40
アパート解約 実家へ							
32	33	34	35	36	37	38	39
6	7	8	9	10	11	12	13
保育所卒園 小学校入学						小学校卒業 中学入学	
23	24	25	26	27	28	29	30
				結婚 （願望）			

【ワークシート2−2】ライフプランシート（お金のこと）

[収入]

①最初に名前を記入しましょう。

②それぞれのおおよその収入金額を記入しましょう。

※将来の収入を正確に予測することは難しいかもしれませんが、希望収入あるいは、
業界の年齢別平均収入を調べて記入してみましょう。

収入	過去			現在		
	2020 年	2021 年	2022 年	2023 年	2024 年	2025 年
	3 年前	2 年前	1 年前	現在	1 年後	2 年後
経営者	700 万円	300	300	300	300	300
経営者　妻	250 万円	260	270	270	260	260
長男	380 万円	400	420	440	460	500
長男　妻	0	0	0	0	0	0
孫	0	0	0	0	0	0
次男	0	0	0	0	0	270
合計	1,330 万円	960	990	1,010	1,020	1,330

[支出]

①最初に主な支出科目を記入しましょう。

②その項目ごとにおおよその支出金額を記入しましょう。

※事細かに区分し、正確に支出を把握することも重要ですが、大体の傾向がつかめるだけでも
十分です。

支出	過去			現在		
	2020 年	2021 年	2022 年	2023 年	2024 年	2025 年
	3 年前	2 年前	1 年前	現在	1 年後	2 年後
基本生活費	200 万円	200	200	250	250	250
住居関連費	80 万円	80	100	100	120	1,000
車両費	100 万円	100	400	100	100	100
教育費	30 万円	50	50	100	100	120
保険料	30 万円	30	35	40	40	45
その他支出	10 万円	30	5	10	10	20
臨時支出	0	5	0	0	10	10
合計	450 万円	495	790	600	630	1,545

経営者が退いた後の
収入源も考えておく
必要がありそうだね〜

記入用は
P.28から

未来							
2026 年	2027 年	2028 年	2029 年	2030 年	2031 年	2032 年	2033 年
3 年後	4 年後	5 年後	6 年後	7 年後	8 年後	9 年後	10 年後
300	300	300	300	300	300	300	300
300	300	300	300	300	300	300	300
520	540	560	580	600	600	600	600
50	50	50	100	100	100	100	100
0	0	0	0	0	0	0	0
290	310	330	350	370	390	410	450
1,460	1,500	1,540	1,630	1,670	1,690	1,710	1,750

未来							
2026 年	2027 年	2028 年	2029 年	2030 年	2031 年	2032 年	2033 年
3 年後	4 年後	5 年後	6 年後	7 年後	8 年後	9 年後	10 年後
300	300	300	300	300	300	300	300
300	300	300	200	200	200	150	500
100	100	100	100	100	100	100	100
120	120	150	150	150	150	150	150
45	45	45	45	45	45	45	45
30	30	30	15	20	30	30	30
0	0	0	20	0	0	0	0
895	895	925	830	815	825	775	1,125

【ワークシート 2−1】
ライフプランシート（ライフイベント）記入編 ✍

		過去			現在		
		20　　年	20　　年	20　　年	20　　年	20　　年	20　　年
		3年前	2年前	1年前	現在	1年後	2年後
	年齢						
	イベント						
	年齢						
	イベント						
	年齢						
	イベント						
	年齢						
	イベント						
	年齢						
	イベント						
	年齢						
	イベント						
	年齢						
	イベント						
	年齢						
	イベント						
	年齢						
	イベント						

未来							
20　　年	20　　年	20　　年	20　　年	20　　年	20　　年	20　　年	20　　年
3年後	4年後	5年後	6年後	7年後	8年後	9年後	10年後

【ワークシート2-2】ライフプランシート（お金のこと）記入編 ✍

収入	過去			現在		
	20　　年	20　　年	20　　年	20　　年	20　　年	20　　年
	3年前	2年前	1年前	現在	1年後	2年後
合計						

支出	過去			現在		
	20　　年	20　　年	20　　年	20　　年	20　　年	20　　年
	3年前	2年前	1年前	現在	1年後	2年後
合計						

			未来				
20　年	20　年	20　年	20　年	20　年	20　年	20　年	20　年
3年後	4年後	5年後	6年後	7年後	8年後	9年後	10年後

			未来				
20　年	20　年	20　年	20　年	20　年	20　年	20　年	20　年
3年後	4年後	5年後	6年後	7年後	8年後	9年後	10年後

STEP③
歴史やルーツを調べよう

　STEP③では、家系図や沿革（成り立ち）を作成しましょう。家族経営の場合、その家の先祖のことや歴史、家訓などのルールを知ることは、家業である農業を継いでいく上で非常に重要な意味を持ちます。農業法人や集落営農組織でも沿革を知ることは、組織への帰属意識を高めるために大事です（本書では家系図と沿革のみにしていますが、家訓や社訓、社是、家紋なども確認し、ない場合は作ってみましょう）。

【ワークシート3－1】家系図

記入用は
P.32

①本籍地の役所で家系図の作成に必要な戸籍を入手しましょう。
②地元のお寺で過去帳などを調べてみましょう。※閲覧禁止の場合もあります。
③戸籍や過去帳の情報を基に家系図を作成してみましょう。
　※行政書士や民間の家系図作成会社を利用するという選択肢もあります。

●ルール●
　家系図の作成方法に特に決まりはありませんが、以下のようなルールで作成すると見やすくなります。なお、ワードやエクセル、パワーポイントなど電子ファイルでも作成・保存をしておくと良いでしょう。

◆同じ世代は、高さを揃える。　　　　　　◆夫婦は二重線で、親子は一本線でつなぐ。
◆夫婦は、夫を右側に、妻を左側にする。　◆子が複数いる場合は、右側を年長者に。
◆男性は青色、女性は赤色で囲む。　　　　◆まずは直系から記入する。
◆生年月日や死没年月日、入籍日を枠外に記入する。◆亡くなった方は点線で囲む。

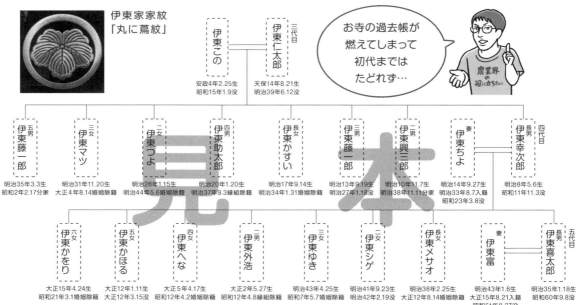

【ワークシート３−２】沿革

記入用は
P.33

①残されている史料や存命の年長者の方々への聞き取りなどから、農業のこと、家族のことを記入しましょう。また、年月日もわかる範囲であわせて記入しましょう。

②その出来事などがあった時の世の中の出来事も調べて記入しましょう。

③年月日が判然としている出来事などがある場合は、そこからの経過年数を計算してみましょう。それによって、初代○○生誕200年、創立100周年など、節目を迎える年が明らかになります。

元号	西暦	月日	農業のこと	家族（従業員）のこと
江戸後期	1790年代		徳右衛門が農業を始める	
昭和21年	1946年		八代目平一が農業に従事	平一が復員
昭和40年	1965年		農林水産祭にて天皇杯受賞	
昭和47年	1972年		経営面積10haを超える	
昭和49年	1974年		九代目敏晴が就農	敏晴が県立農業短期大学を卒業
昭和58年	1983年		平一から敏晴へ事業承継	
平成5年	1993年		有限会社たけもと農場を設立(資本金300万円)	
平成7年	1995年			ライスセンター建設
平成18年	2006年	3月	十代目彰吾が就農	彰吾が鳥取大学卒業
平成20年	2008年	4月	インターネット販売を開始	
平成21年	2009年	4月	カルナローリ(イタリア米)の栽培を開始	彰吾の妻里奈が入社
平成22年	2010年	10月	国産イタリア米発売、経営面積40ha超	
平成25年	2013年	4月	ネット販売月商100万円、年商1000万円を突破	中野隆志が入社、設立20周年
		6月	第16回全国担い手サミットに参加	厚生年金に加入
平成26年	2014年	4月		寺西将吾が入社
		7月	改善活動開始	
平成28年	2016年	1月	ロゴマーク作成	
		4月	カルナローリをシンガポールへ輸出開始	
		9月	新センター建設	
平成29年	2017年	4月		彰吾が代表取締役、里奈が取締役
		12月	就業規則を作成	
平成30年	2018年	3月	六次化商品の発売を開始	
		7月	彰吾　全国農業青年クラブ連絡協議会会長に就任	
令和元年	2019年	4月	食べチョク、ポケットマルシェに出店	西拓也が入社
令和2年	2020年	4月	「おてつたび」利用スタート	岩井悠が入社
		10月	ポッドキャスト「青いTシャツ24時」スタート	
令和3年	2021年			月刊「地上」の連載スタート
令和4年	2022年	3月	「リゾットMANMA」の2ラインナップ発売	
		11月	彰吾「今日からはじめる農家の事業承継」発刊	
令和5年	2023年	4月		設立30周年

【ワークシート 3−1】家系図　記入編

【ワークシート3－2】沿革　記入編

元号	西暦	月日	農業のこと	家族（従業員）のこと

STEP④
農業経営を把握しよう

　STEP④では、農業経営の内容や実態を把握しましょう。経営者は後継者がわかっていると思っていても、後継者は実はわかっていないケースや、そもそも何がわかっていないのかがわからないというケースなどもあるのではないでしょうか。まずは、経営者と後継者の理解度や認識のズレがないか確認した上で、項目ごとに順を追って確認していきましょう。

【ワークシート4-1】理解度・認識チェックシート

①まずは経営者が「この項目はしっかりと整理されていて、後継者も理解している」と思う場合は □欄にチェックを入れましょう。

②続いて後継者が「この項目は自分自身もしっかり理解していて、経営者がいなくなってもわかる 状態になっている」と思う場合は、□欄にチェックを入れましょう。

③双方のチェックがつかなかった項目やチェックにズレがある項目を重点的に、なぜそのような 状況になっているかを確認しましょう。

	経営者	後継者
①組合員資格	☐	☐
②作付作物	☐	☐
③経営収支	☐	☐
④農地	☐	☐
⑤雇用・労働	☐	☐
⑥農機・施設・車両	☐	☐
⑦預貯金など	☐	☐
⑧融資・借入など	☐	☐
⑨補助金など	☐	☐
⑩保険・共済など	☐	☐
⑪年金など	☐	☐

	経営者	後継者
⑫燃料	☐	☐
⑬電気・ガス	☐	☐
⑭生産資材	☐	☐
⑮賦課金など	☐	☐
⑯資格・免許など	☐	☐
⑰許認可・認証など	☐	☐
⑱番号など	☐	☐
⑲カード類	☐	☐
⑳定期購読物	☐	☐
㉑ロゴ・屋号	☐	☐
㉒ID・パスワード類	☐	☐
㉓その他	☐	☐

記入用は P.51 から

【ワークシート 4−2】農業経営の把握

◆ ①組合員資格 ◆

①ＪＡの組合員資格を確認し、出資口数、金額等を確認しましょう。

②後継者が正組合員になれるかどうかを確認しましょう。

③出資配当や事業利用配当についても確認しましょう。

出資者	正組合員・准組合員	出資口数	出資金
家野 光	正組合員	5口	150,000
家野 守	准組合員	1口	1,000
家野 明子	准組合員	1口	1,000

◆ ②作付作物 ◆

①どんな作物・品種をどれくらい栽培し、どこに販売しているかを確認しましょう。

②その売上や経費を確認しましょう。

③栽培している作物の経営指標や栽培暦、栽培履歴なども調べ、改善できることがないか検討しましょう。

作物	品種	作付面積	販売先	売上	経費	栽培暦の有無	栽培履歴の有無
水稲	にこまる	430a	JA(8割) 直売所(2割)	300万円	200万円	あり	あり
ピーマン	さらら	100a	ＪＡ	850万円	700万円	なし	あり
白ねぎ	たつまさり	200a	ＪＡ	1,500万円	840万円	あり	あり
トマト	みそら64	30a	ＪＡ	1,050万円	800万円	あり	なし

◆③経営収支◆

①申告書や決算書、販売代金明細書、購買代金明細書などを見ながら、農業収入、経費、農業所得を確認しましょう。

　※過去3か年分の記入をすることで、農業経営の変化が見えるはずです。

②それぞれの科目（分類）の細かい要因を分析し、改善できる事項がないかを検討しましょう。

③青色申告に切り替えるメリットや法人化のメリットがないか専門家に相談してみましょう。

④会計ソフトへの入力など、日々の必要な作業を確認しましょう。

	2020年（3年前）	2021年（2年前）	2022年（1年前）	2023年（今年）
農業収入	1,000万円	1,100万円	1,200万円	1,500万円
経費	800万円	750万円	700万円	800万円
農業所得	200万円	350万円	500万円	700万円

◆④農地◆

①農地基本台帳や利用権設定の書類、農地ナビなどを見ながら、所有地・借地の面積や所有者を確認しましょう。

②利用権設定をしている場合は、期間や地代の金額や支払方法なども確認しましょう。

③現在、作付けされていない農地についてもあわせて確認しましょう。

④相続登記されていない土地や家屋もあるかもしれませんので、登記簿や固定資産台帳、固定資産税納税通知書などもあわせて確認してみましょう。

⑤今後の農業経営に大きく影響を与える近隣集落の農地の動向も確認しましょう。

⑥全農 営農管理システム「Z-GIS」を活用して、マッピングしてみましょう（右ページ）。

地番	所有地	借地	作付作物	備考
○○市◇◇123	29a	a	水稲	
○○市◇◇124	28a	a	自家菜園	
○○市◇◇125	12a	a	白ねぎ	
○○市◇◇126	30a	a	大麦	
○○市◇◇127	10a	a	水稲	利用権設定（○○25年まで、○○太郎）

※土地などを確認していくと、相続未登記問題＝所有者不明農地問題、農地情報不正確問題が判明するケースもあります。こういった場合、解決までに大きな時間と労力、コストを割くことになりかねませんので、早めに確認しましょう。

※山林を所有している農家もたくさんいます。せっかくの機会なので、林地台帳なども確認しましょう。

オススメ! 農地のマッピングをしてみよう

品種名でマッピング

最初に作るべきは、品種や品目のマッピングです。これは日々の農作業と直結しています。

※全農 営農管理システム「Z-GIS」を活用し、ダミーデータでマッピングしています。

所有者でマッピング

農地の権利関係などを把握するため、所有者でマッピングすることもオススメです。

※全農 営農管理システム「Z-GIS」を活用し、ダミーデータでマッピングしています。

（コラム）
Z-GISとは？

　営農管理システムは各社競うようにいろいろなものが出てきていますが、僕が全農勤務時代に開発を提案し、命名もした「Z-GIS」をご紹介します。地図とエクセルが合体しただけの非常にシンプルなシステムで、エクセルに記録した項目が地図上にマッピングできます。親世代のノウハウ・暗黙知などを蓄積できれば、世代交代の際に役立つツールになります。詳しくは、Z-GISのホームページをご覧頂くか、お近くのJAや農業指導普及員にご相談ください。もちろん、Z-GIS以外にもKSASやアグリノートでも良いですよ。

◆⑤雇用・労働◆

①作業ごとに月別の臨時雇用(パート、アルバイト)の人数を確認しましょう。

②時給や有給の取り扱いなど、どういった契約内容かを確認しましょう。

③常時雇用の方々も含めて、携わってくださるみなさんが働きやすい環境になるような労働条件を目指しましょう。特に法的に義務となっている制度などは社会保険労務士などの専門家の協力を得ながら、整備していきましょう。

④書面にしていないケースも多いと思われますが、より良い農業経営、労働環境のために、書面に残しましょう。

⑤今携わってくださっている方々の年齢なども考慮し、安定して労働力を確保していくための方策(農作業マッチングアプリなど)を考えましょう。

※介護休暇制度、退職金支給制度、人事評価制度などは、まだ整備している経営体は少ないですが、中長期的な視点で整備を検討しましょう。

品目	作業内容	1月	2月	3月	4月	5月	6月	7月	8月	9月	10月	11月	12月
トマト	管理・収穫						2人役	3人役	5人役	3人役			
	選果・選別							8人役	10人役	5人役	3人役		
にら	定植	1人役											
	出荷・調製	2人役	2人役	2人役	2人役	2人役	2人役	2人役	2人役	2人役	2人役	2人役	2人役

制度名など	整備状況			備考
	未整備	準備中	整備済	
雇用契約書	☐	☐	☑	
労働条件通知書	☐	☐	☑	
就業規則	☐	☑	☐	2023年度中に作成予定
社会保険制度	☐	☐	☑	
有給休暇制度	☐	☐	☑	
育児休業制度	☑	☐	☐	
	☐	☐	☐	
	☐	☐	☐	
	☐	☐	☐	
	☐	☐	☐	

農家よ、健康診断に行け

　私は『がん』と診断された。新規就農5年目、40歳。売上も順調に推移してビニールハウスも増設。家族からの応援も受け、これからもっと頑張ろうと思っていた矢先のことだった。「悪性の腫瘍が見つかりました」という医者の一言はまさに青天の霹靂。なぜなら普段から体調に違和感を感じることは全く無かったからだ。この出来事が自分のことであるとすぐに理解ができない。だが、そんなフワフワとした感情を無視するように、病室を出た私に現実は残酷に襲いかかってきた。

　私はすぐに妻へ電話をかけた。結果を伝えるといつも明るい調子で返してくる声が全く聞こえてこない。異変を察知して急いで帰ると、妻は畑で泣き崩れていた。私はそのときやっと自分が置かれた状況と、白紙になった未来と対峙した。

　あなたは今、定期的に健康診断を受けているだろうか？従業員に健康診断を受けることを促しているだろうか？

　厚生労働省の調べによると、農林漁業従事者が過去1年間に健診などを受診した人の割合は約6割。私と同じ個人農家で若手となるとこの割合はもっと少ないはずだ。それもそのはず、健診に行きなさいと言われない。行かなくても何の罰則もない。健康の大切さは分かっている。ただ、わざわざお金と時間をかけるほど優先順位は高くない。そんなことより日々の農業が忙しい。まさに私もそうだった。

　農業ができるのは健康な体があってこそ。作物の状態には細心の注意を払うのに、生産者自身についてはおろそかになってはいないか。どれだけ素晴らしい経営計画があったとしても、未来も健康であるという保証なんて有り得ない。だから今後の作付計画には自身や従業員の健康管理を追加してほしい。農業をやるうえで最も大切なことは健康だからだ。
農家よ、健康診断に行け。

しなやかファーム　阿部俊樹

阿部俊樹（しなやん）
1981年三重県生まれ。四日市市でブルームきゅうり専門農園「しなやかファーム」を2017年開業。農家と健康の新しい文化作りを目指している。
しなやかファーム
https://shinayaka.me

◆⑥農機・施設・車両◆

①実機や償却資産台帳、固定資産台帳などを見ながら、自己所有している農機や車両などについて、取得年月や取得価格、経過年月、購入先などを確認しましょう。

②リース契約書などを見ながら、リース契約をしている農機などについて、契約内容を確認しましょう。

③将来を見据え、更新が必要な農機などを検討し、費用もふくめて更新計画を立てましょう。

④稼働年月や年間稼働日数、修繕費などを踏まえ、リースなどの選択肢も検討しましょう。

⑤補助事業などで導入している場合は、その旨を備考欄に記入し、補助金・助成金・交付金などとあわせて確認しましょう。

※事業で取得した農機や施設などの承継・処分についてはルールがありますので、事業実施主体にご確認ください。

※リース機械などの承継については、リース会社の承諾が必要になりますので、お問い合わせください。

機械（自己所有）

機械装備名	取得年月	取得価格	耐用年数	経過年月	購入先	更新予定 有無	更新予定 年月	備考
６５馬力トラクター	2000/1	700万円	7年	23年4か月	ＪＡ	有(3,000h)	2023/12	

施設

施設名	取得年月	取得価格	耐用年数	経過年月	購入先	更新予定 有無	更新予定 年月	備考
ビニールハウス	2000/1	500万円	7年	23年4か月	ＪＡ	有	2027/1	1999年度担い手育成事業で導入

車両

車両名	取得年月	取得価格	耐用年数	経過年月	購入先	更新予定		備考
						有無	年月	
軽トラ	2000/1	100万円	4年	23年10か月	JA	有	2024/12	
ミニバン								
軽自動車								

機械・施設・車（リース）

名称	取得年月	取得価格	購入先	リース会社	リース開始年月	リース終了年月	残リース料		備考
							金額	確認日	
65馬力トラクター	2019/1	600万円	○○リース	○○リース	2019/1	2023/12	○○万円	2021/12/31	期間満了後残価○○万円で返却
ビニールハウス	2020/2	300万円	○○リース	○○リース	2020/2	2025/1	○○万円	2021/12/31	期間満了後残価○○万円で返却
軽トラ	2020/5	100万円	○○自動車	○○自動車	2020/5	2024/4	○○万円	2021/12/31	期間満了後残価○○万円で返却

所有から利用へ

　農機などを確認していくと、稼働日数が少ないのに高価なものを所有しているケースも多いと思います。今なんて4桁万円の農機具なんてざらにあって、機械を買うために農業やってるんかなと思っちゃいますよね。不稼働時間の方がきっと長いし、置いておくだけで場所も取るし、ネズミに配線をかじられてしまうというリスクも発生しますよね。だから、もうなんでもかんでも所有する時代じゃないと思っています。そこでJA三井リース（株）のご紹介です。

リースのおすすめポイント
◇初期費用負担軽減
　一括現金購入する場合と比べて、4〜7年程度の分割払いとなるリースは、事業承継直後の初期費用をコントロール、軽減することができます。
◇動産総合保険
　リースで導入した農機には動産総合保険が付保されています。オペレータ技術の乏しい後継者の方が、農作業中に農機をぶつけてしまった、畝に乗り上げて転覆してしまった場合などに加え、盗難や火災・落雷・風害・水害等の自然災害による損害なども幅広くカバーできます。
◇事務負担軽減
　リース料には、上記の動産総合保険料に加え、ナンバー付きの農機の場合は自動車税、その他農機の場合は固定資産税（償却資産税）が含まれています。そのため、ご自身で保険や納税の事務手続きや支払い、減価償却などの計算を行う必要がなく、農機の所有に伴う事務負担が軽減されます。
　その他にも、複数人で農機をシェアできる「農機シェアリース」や、譲る側の農機の査定・買取を行い、受け継がれる方にリースする「事業承継サポート」等、幅広いリースの活用方法があります。JA三井リースのLINE公式アカウントを登録しておけば、役に立つ情報をいつでも入手できます。ぜひご活用ください。

◆⑦預貯金など◆

①通帳や当座勘定照合表などを確認し、どの金融機関に誰の名義でどのくらいの残高があるのかということや、通帳や印鑑などの保管場所を確認しましょう。

②1つの金融機関に複数の口座がある場合や複数の金融機関に口座がある場合も多いと思いますので、漏れなく確認しましょう。

③ネットバンクを利用している場合は、ログインIDなども確認しましょう。

④電子マネーや仮想通貨、暗号資産、株式なども確認しましょう。

※事業に関するものと事業以外のものをそれぞれ確認してみましょう。

金融機関名	口座種別	口座名義	残高	残高確認日	通帳・印鑑の保管場所
ＪＡ〇〇	普通	イエノ　ヒカリ	123,456,789 円	2021/12/31	金庫の中

◆⑧融資・借入など◆

契約書などを見ながら、融資条件などを確認しましょう。

※ＪＡの金融担当部署や取引先金融機関と一緒に確認しましょう。

相手先	名称	金額	借入残高	確認日	資金使途	借入期間
ＪＡ〇〇	農業近代化資金	1,800 万円	360 万円	2022/3/31	長期運転資金	2010/1/1～2024/12/31

◆ ⑨補助金など◆

①補助金や助成金、交付金の要領などを見ながら、受給条件、交付条件などを確認しましょう。

②前出の農機や施設などを見ながら、その補助金などをどういったものに活用したのかをわかるようにしておきましょう。

※事業担当者などと一緒に確認しましょう。

対象年度	事業名	区分 （国・県・市など）	金額	備考
2020 年度	経営継続補助金	農水省 （全国農業会議所）	999,999 円	8条田植機、50石 熱風乾燥機を取得
2021 年度	経営継承・発展等支援事業	農水省	500,000 円	事業承継アドバイザー 派遣費用

◆ ⑩保険・共済など◆

①収入保険、農業共済、ＪＡ共済、その他民間の保険の共済証書、保険証書などを見ながら、加入内容や掛け金などを確認しましょう。

②現在の経営内容や将来の方向性などを踏まえ、必要に応じて内容の見直しをしましょう。

③特別な事情がある場合に備えてあらかじめ代理人を指定しておく「指定代理請求制度」や「第二連絡先登録制度」などに登録し、支払い漏れを防ぎましょう。

※事業に関するものと事業以外のものをそれぞれ確認してみましょう。

※ＪＡの共済担当部署や農業共済、民間保険会社などと一緒に確認しましょう。

加入先	商品名	年間掛金	共済証書などの保管場所
ＪＡ	生存給付特則付一時払終身共済	●●円	金庫（2段目）
農業共済	収入保険	●●円	金庫（3段目）

◆ ⑪年金など◆

①国民年金や農業者年金、国民年金基金、個人型確定拠出型年金 iDeCo、積立 NISA などの契約書面を見ながら、加入している内容や掛け金などを確認しましょう。

②現在の経営内容や将来の方向性などを踏まえ、必要に応じて内容の見直しをしましょう。

加入先	商品名	加入者名	年間掛金	年金証書などの 保管場所
農業者年金基金	農業者年金	イエノ　ヒカリ	2,000 円	引き出しの上から 3段目のファイル

◆ ⑫燃料 ◆

①燃料の種類別に購入先や連絡先を確認しましょう。

②軽油免税制度などの利用している制度があれば、その内容も確認しましょう。

③価格や配達の利便性などを考慮し、購入先を必要に応じて見直しましょう。

油種	購入先	連絡先	昨年度利用料金
軽油	JA○○	000-000-0000	300,000 円
灯油			
A重油			

◆ ⑬電気・ガス ◆

①項目別に供給元や連絡先を確認しましょう。

②価格などを考慮し供給元を、今後の経営規模拡大などを考慮し契約内容を、必要に応じて見直しましょう。

項目	契約内容	供給元	連絡先	昨年度利用料金
電気(住宅)	50A	○○電力	000-000-0000	100,000 円
電気(作業所)	30A	○○電力	同上	50,000 円
ガス	一般用	○○ガス	0000-00-0000	60,000 円

◆⑭生産資材◆

①資材別に購入先や連絡先を確認しましょう。

②価格や決済条件、配達の有無などを考慮し、購入先を必要に応じて見直しましょう。

資材名	購入先	発注時期	担当者	連絡先

【肥料】

基肥肥料(オール14)	JA		伊東	090-0000-0000

【農薬】

農薬	JA		伊東	090-0000-0000

【出荷資材】

出荷資材	ホームセンター			090-0000-0000

【その他】

生体解生マルチ	○○商事			090-0000-0000

◆⑮賦課金など◆

①土地改良区や水利組合などの賦課金、負担金などの請求書や明細などを見ながら、その内容や金額を確認しましょう。

②耕作者が代わった場合や受益農地でない場合などは、必要な届出をしましょう。

名称	賦課単価	面積	賦課金額
○○土地改良区賦課金	●●円/10a	100a	○○円

◆⑯資格・免許など◆

①既に取得している農業経営に必要な資格や免許、届出などを確認しましょう。

②今後、後継者やその他従業員などもその資格などが必要になる場合は、取得に向けた計画を立てましょう。

認定者	資格・免許名など	取得者名	有効期限	備考
県公安委員会	大型特殊自動車免許	伊東悠太郎	2024/4/1	

◆⑰許認可・認証など◆ 見本

①灯油や重油などを保管している場合や飲食業を行っている場合、加工に取り組んでいる場合、狩猟を行う場合などは、消防署や保健所、税務署、警察署などに届出をしているはずですので、内容を確認しましょう。

②ＧＡＰや特別栽培農産物などの認証を受けている場合も、内容を確認しましょう。

③更新が必要なものがあれば、計画を立てましょう。また、今後、規模拡大や多角化経営を検討されている場合は、必要事項などを確認しておきましょう。

届出名称など	届出者名	有効期限	提出先	備考
少量危険物貯蔵・取扱届出書	〇〇花子	2024/6/10	地元消防署	

◆⑱番号など◆

インボイス登録番号や生産者番号、JANコード、マイナンバーなどの必要と思うものを記入しましょう。

種類	番号	名義	取得時期	暗証番号	備考
インボイス	T0000000	〇〇農場	2023/10/1	ー	

◆⑲カード類◆

①所有している各種カード（事業用カード、個人用カード、家族カード、ETCカード、給油カードなど）を確認しましょう。

②使用頻度や年会費などを考慮し、必要に応じて見直しましょう。

カード名	カード番号	名義	有効期限	暗証番号	年会費
JAカード	1234－5678－ 9012－3456	イエノ　ヒカリ	2025/1	1234	1,375 円
JAカード （家族カード）					
ETCカード					
給油カード					

◆⑳定期購読物◆

①定期購読している新聞や雑誌などを確認しましょう。

②生活スタイルに応じて、紙媒体だけでなく、電子版等の購読を検討しましょう。

定期購読物	月額費用	申込先
○○新聞	2,623 円	○○○-○○○-○○○○

◆㉑ロゴ・屋号◆

①ロゴマークなどがあるか確認しましょう。

②ある場合は、そこに込められた思いや用途、レギュレーション（仕様や規定）などを確認しましょう。

③ない場合は、事業承継のタイミングで新たに作成を検討しましょう。

たけもと農場

たけもと農場のロゴマークは、代替わりのタイミング（2016 年）に作成しました。それまで正式なロゴマークは無く、専門家にディレクションしてもらい、デザイナーが形にしてくれました（竹本）。

（左）◆愛知県・鈴盛農園（鈴木啓之代表）祖父母の時代まで使っていた屋号紋を孫が復活させて作業着に。「盛」の文字がエネルギッシュな農園をイメージさせます。

（右）◆新潟県・タカツカ農園（高塚俊郎代表）遠くに連なる五頭連山と、信濃川、阿賀野川という大河に挟まれている土地を表現するロゴを新たに作成。高塚の高にも似せた象形文字のようなデザインが特徴。

（コラム）

ロゴ（シンボルマーク）は未来を指し示すコンパス！

「ロゴを作ってシールやダンボールに表記すれば目立って売れる！」とお考えの方が多いですが、それは大きな間違いです。自分が消費者の立場だとして考えると、見たことがないロゴを見てそのトマトが欲しくなるか？　そのキュウリを美味しそうだと思うか？　そう、知らないロゴを見ても消費者は買いたいと思わないのです。

　申し遅れました、株式会社はりまぜデザインの角田（つのだ）と申します。ロゴ開発やブランディング、パッケージデザインなどを通し「農業から農商へ」をスローガンに、農業分野に「売る力」をつけてほしいと願う、農業専門のデザイン会社を営んでおります。

　では改めて、農家・農園ロゴはなんのためにあるのか？　それは「自分たちとはなんなのか」「何を目的にしているのか」「誰のために農業をしているのか」「どんな未来へ行きたいのか」そういった理念を形したものです。ですので僕はいつも「ロゴは行き先を示すコンパスだ」とお伝えしています。

　弊社のクライアントで36代続く柿農家がいます。10年前にボードン袋に貼るシールを作成させていただきました。そのシールはロゴではなく「売るためのデザイン」です。そこへ表記したのは「糖度に自信あり！」というキャッチコピーです。商品を売るためには商品の独自性や特徴、買う理由を示さないといけません。

　シールを使って頂き7年経った頃、36代目を継ぐことになりました。自分の代からはいろいろな手法や売り先を開拓したいという想いがあり、それらをまとめるためにもロゴが必要になり、先代までの歴史を否定するのではなく「代々続く歴史を次代へとつないでいく」をコンセプトに家紋をモチーフにすることで「歴史を引き継ぎながらも新しい時代へ向かう」という決意を込めたロゴを作成しました。今ではジェラートやジャム、ドライフルーツなどが好評で百貨店や有名店で取り扱いをしていただいております。しかしこのように加工品などが好調になってくると、そちらにばかり意識が向いてしまい、本来の「生の柿を食べてもらいたい」という想いを忘れがちです。ここでロゴの力が発揮されます。実際にその36代目から頂いた言葉を最後に記します。「シール1枚から始めて10年、いろいろな展開に広がったが、生の柿を売ることを忘れないでここまで来られたのはブランディングとロゴのおかげです。」

　ロゴとは、ブレずに行きたい未来を目指すために、ポケットに忍ばせ、常に方向を確認する。そんな大切な相棒（コンパス）です。　　　　　　　はりまぜデザイン代表　角田 誠

◆㉒ID・パスワード類◆

①使用しているサービスなどのID、パスワード、秘密の質問などを確認しましょう。

②農業を最優先に確認しましょう。次に生活に関係するものを確認しましょう。

※本冊子に記入する場合は目隠しシールを貼るなど、エクセルなどで作成する場合はファイルに
　パスワードを設定するなど、情報の管理については十分に気をつけましょう。

※エクセルなどで作成する場合は、URLの欄も設けておくと便利です。

項目	ID	パスワード	秘密の質問	登録メールアドレス
JAバンク	abcd	1234	初恋の相手 （むつみ）	ooita@kabosu.com
事務所 パソコン	efgh	5678	設定なし	kabosu@ooita.com
業務用 スマホ				
Z−GIS				
会計ソフト				
WEB 農業簿記				
SNS				
e−TAX				

◆㉓その他各経営体で確認すること◆

多くの経営体に共通することはここまでで確認できたと思いますが、項目にない事柄が出てきた
場合は、ここに記入し、わかるような状態にしておきましょう。

	確認すること	確認欄
1	亡くなった曽祖父の株券が見つかった。	
2	亡くなった祖父の漁協の権利書が見つかった。	
3	母一人でやっている産直ECサイトの運営をどうするか？	
4	顧問税理士をどうするか？	
5	インボイス制度に登録するかどうか？	
6	電子帳簿保存法への対応はどうする？	

STEP④【ワークシート】記入編

35 ページから解説してきた農業経営を把握するためのワークシートです。

◆①組合員資格◆

出資者	正組合員・准組合員	出資口数	出資金

◆②作付作物◆

作物	品種	作付面積	販売先	売上	経費	栽培暦の有無	栽培履歴の有無
				円	円		
				円	円		
				円	円		
				円	円		
				円	円		
				円	円		
				円	円		
				円	円		

◆③経営収支◆

	20 年(3年前)	20 年(2年前)	20 年(1年前)	20 年(今年)
農業収入	円	円	円	円
経費	円	円	円	円
農業所得	円	円	円	円

◆④農地◆

地番	所有地	借地	作付作物	備考
	a	a		
	a	a		
	a	a		
	a	a		
	a	a		
	a	a		
	a	a		
	a	a		
	a	a		
	a	a		
	a	a		
	a	a		
合計	a	a		

◆⑤雇用・労働◆

品目	作業内容	1月	2月	3月	4月	5月	6月	7月	8月	9月	10月	11月	12月

制度名など	整備状況			備考
	未整備	準備中	整備済	
雇用契約書	☐	☐	☐	
労働条件通知書	☐	☐	☐	
就業規則	☐	☐	☐	
社会保険制度	☐	☐	☐	
有給休暇制度	☐	☐	☐	
育児休業制度	☐	☐	☐	
	☐	☐	☐	
	☐	☐	☐	
	☐	☐	☐	

◆⑥農機・施設・車両◆

機械・施設・車両（自己所有）

名称	取得年月	取得価格	耐用年数	経過年月	購入先	更新予定		備考
						有無	年月	
		円						
		円						
		円						
		円						
		円						
		円						
		円						
		円						
		円						

機械・施設・車両（リース）

名称	取得年月	取得価格	購入先	リース会社	リース開始年月	リース終了年月	残リース料		備考
							金額	確認日	
		円					円		
		円					円		
		円					円		
		円					円		
		円					円		
		円					円		
		円					円		
		円					円		
		円					円		

◆⑦預貯金など◆

金融機関名	口座種別	口座名義	残高	残高確認日	通帳・印鑑の保管場所
			円		
			円		
			円		
			円		
			円		
			円		
			円		

◆⑧融資・借入など◆

相手先	名称	金額	借入残高	確認日	資金使途	借入期間
		円	円			
		円	円			
		円	円			
		円	円			
		円	円			
		円	円			
		円	円			

◆⑨補助金など◆

対象年度	事業名	区分 （国・県・市など）	金額	備考
			円	
			円	
			円	
			円	
			円	
			円	
			円	

◆⑩保険・共済など◆

加入先	商品名	年間掛金	共済証書などの保管場所
		円	
		円	
		円	
		円	
		円	

◆⑪年金など◆

加入先	商品名	加入者名	年間掛金	年金証書などの 保管場所
			円	
			円	
			円	
			円	
			円	

◆⑫燃料◆

油種	購入先	連絡先	昨年度利用料金
			円
			円
			円
			円
			円

◆⑬電気・ガス◆

項目	契約内容	供給元	連絡先	昨年度利用料金
				円
				円
				円
				円

◆⑭生産資材◆

【肥料】

資材名	購入先	発注時期	担当者	連絡先

【農薬】

【出荷資材】

【その他】

◆⑮賦課金など◆

名称	賦課単価	面積	賦課金額
			円
			円
			円

◆⑯資格・免許など◆

認定者	資格・免許名など	取得者名	有効期間	備考

◆⑰許認可・認証など◆

届出名称など	届出者名	有効期間	提出先	備考

◆⑱番号など◆

種類	番号	名義	取得時期	暗証番号	備考

◆⑲カード類◆

カード名	カード番号	名義	有効期限	暗証番号	年会費
					円
					円
					円
					円
					円

◆⑳定期購読物◆

定期購読物	月額費用	申込先

◆㉑ロゴ・屋号◆

◆㉒ID・パスワード類◆

項目	ID	パスワード	秘密の質問	登録メールアドレス

◆㉓その他各経営体で確認すること◆

	確認すること	確認欄
1		
2		
3		
4		
5		
6		

コラム

遺したいものしか遺せない

　内村鑑三の「我々はこの世に何を遺して逝こうか。金か事業か思想か」という言葉が好きです。このステップ④では順番に様々な物事を確認してきたわけですが、列挙されている項目にとらわれず、次世代に何を遺したいのかというものに思いを馳せてみてほしいんです。

　どちらかというと目に見えないものが多いかもしれないので、それを文字や表、写真、動画など、なんらかの形にしていかなきゃいけませんね。この作業、実はすごく大切なんじゃないかと思います。

　うちはそういったものが全部きれいに遺ってなかったから、すごいモヤモヤするんですよね。亡くなったじいちゃんが家系図を遺してくれていたから、２００年前くらいまでは遡れて良かったんだけど、それでも失われている情報って多いんですよね。

　僕は七代目だと思っていたけど、たまたま実家をリノベーションしたときに、屋根裏から上棟札が出てきて、そこには「五代目伊東喜太郎」って書いてあったんですよね。とすると、僕は八代目になるってことがわかったんです。家を建てた昭和四十壱年七月壱日にはまさかこの情報が役に立つとは誰も思わなかったでしょうけど、まさにそういうことなんですよ。

　今を生きている人間が遺した情報が役に立つのは、何十年、何百年と先の時代なんでしょうね。

屋根裏で発見された、
重要情報！

STEP⑤
やることリストを整理しよう

　STEP⑤では、事業承継を実践するにあたって、具体的に何をするのか、"やること"を考えましょう。やることはパズルのピースと同じで、数が少ないと組む作業は簡単ですが、完成度は低いはずです。一方で数が多いと組む作業は大変ですが、完成度も高くなるはずです。ここは質よりも量で勝負しましょう。

【ワークシート5−1】 やることリスト

大項目	中項目	内容（やること）	いつまで
農地	台帳整備	農地基本台帳と水田台帳を突合する	2023年3月
		エクセルデータ化する	2023年6月
		利用権設定の相手先の情報を蓄積する	年　月
	Z-GIS	整備したエクセルデータを基にZ-GISに圃場登録をする	年　月
		生産履歴情報を入力する	
		20XX年産の品種名でマッピングし事務所に掲示する	

表上部見出し：P

Point!
内容（やること）は、「○○をする」という書き方に統一するとわかりやすくなります。

① P.14「事業承継で引き継ぐものとは？」や、P.34「ＳＴＥＰ④ 農業経営を把握しよう」などを意識して、まず生産や販売などの大項目（キーワード）を考えてみましょう。

② その大項目に関連する中項目（キーワード）を考えてみましょう。

③ 更にその中項目を達成・実現するために、小項目（やること）を具体的に書いてみましょう。

④ それぞれの目標期限も設定しましょう。

⑤ 目標期限に向かって実行し、PDCA（Plan・計画、Do・実行、Check・評価、Action・改善）サイクルを確認しましょう。

記入用は
P.72 から

	D		C	A
実行	成果		課題	改善
✓	９割方完成した		一部、面積が合致しない圃場がある	農業委員会に確認を行う
✓	上記の面積相違を除いて完成した		データの情報量が少ない	必要なデータを検討し、情報の蓄積を進める
☐				
☐				
☐				
☐				

精緻な表を完成させるより、とにかく書いて行動することが大事！行動して結果が伴ってくると加速していきますよ。

見 本

コラム

大谷翔平さんに学ぶ目標達成シート

やることリストをゼロから考えるのは実はとても大変です。そこでおすすめするのが、大谷翔平さんが取り組んだ目標達成シートの考え方です。「8球団からドラフト1位指名」という目標を設定し、「体づくり」や「コントロール」などそのために必要なことを書き出していきます。体づくりであれば、「朝3杯、夜7杯の食事」「サプリメントを飲む」など更に細かく枝分かれさせ、具体的に取り組む事項を考えていきます。

もう一つ工夫として、やることリストなので「○○をする」というような言い方で記入すると良いでしょう。例えば大谷さんの目標達成シートにある「柔軟性」は、「ストレッチをする」という具合です。更に、「職場に行く前に」や「○○回」など時間や回数なども書けると、より充実したものになるでしょう。

3×3＝の項目に記入！

真ん中に大切なものを書いて
そのために必要なものを
書いてまわりを埋めましょう

1 生産	2 販売	3 加工
4 経営	5 顧客	6 農機
7 農地	8 手続	9 etc.

大谷翔平さん　目標達成シート

体のケア	サプリメントをのむ	FSQ 90kg	インステップ改善	体幹強化	軸をぶらさない	角度をつける	上からボールを叩く	リストの強化
柔軟性	体づくり	ASQ 130kg	リリースポイントの安定	コントロール	不安をなくす	体幹強化	キレ	下半身主導
スタミナ	可動域	食事 夜7杯 朝3杯	下肢の強化	体を開かない	メンタルコントロールをする	ボールを前でリリース	回転数アップ	可動域
はっきりとした目標・目的をもつ	一喜一憂しない	頭は冷静に心は熱く	体づくり	コントロール	キレ	軸でまわる	下肢の強化	体重増加
ピンチに強い	メンタル	雰囲気に流されない	メンタル	ドラ1指名 8球団から	スピード 160km/h	体幹強化	スピード 160km/h	肩回りの強化
波をつくらない	勝利への執念	仲間を思いやる心	人間性	運	変化球	可動域	ライナーキャッチボール	ピッチング増やす
感性	愛される人間	計画性	あいさつ	ゴミ拾い	部屋そうじ	カウントボール増やす	フォーク完成	スライダーのキレ
思いやり	人間性	感謝	道具を大切に使う	運	審判さんへの態度	遅く落差のあるカーブ	変化球	左打者への決め球
礼儀	信頼される人間	継続力	プラス思考	応援される人間になる	本を読む	ストレートと同じフォームで投げる	ストライクからボールに投げるコントロール	奥行きをイメージ

2013年2月の「スポーツニッポン」の記事を基に作成。

（コラム）

できることリスト（北海道・香西さん）

第60回全国青年農業者会議
地域活動部門【北海道】
香西瑠理子 -YouTube

「やること」を考えましょうと言いつつ、見方を変えて「できること」を考えるのも重要です。北海道士幌町の畑作農家・香西瑠理子さんは、事業承継の活動を農業界に広めようとしている我々の仲間です。

2022年の第60回全国青年農業者会議では、地元の農業青年の団体で事業承継について話し合いを進め、経営者、後継者それぞれにアンケート調査をし、世代間の考え方や認識の違いを浮き彫りにし、事業承継計画の必要性を発表されました。

翌2023年の第61回全国青年農業者会議では、そこから発展し、「できることリストβ版」を作成されました。これは僕や竹本さんにはなかった視点で、僕らはやることたくさんあるから整理してリスト化したらいいよ〜という主張でしたが、これってもしかすると、「やることたくさんあってしんどい〜」という風にも捉えられかねないなぁと。だけど、できることを一つずつ積み上げていくという風に捉えれば、前向きに、ポジティブに取り組んでいけるのではないかなと思ったわけです。

第61回全国青年農業者会議
地域活動部門【北海道】
香西瑠理子 - YouTube

できることリスト

ダウンロード

レビュー

β版なので、全国の農業者や関係者からの要望で、もっともっと使いやすいものにブラッシュアップしていきたいですね。実際に使ってみた感想をどんどんレビューとして送ってくださいね。

これはぜひ応援したい！
農家発のツールが
どんどん充実していくのは
とってもいいこと。
全国の農家のみんなで
後押しせねば！

【ワークシート５−２】役割分担表

やることリストに関連して、農業経営における様々な役割分担を整理してみましょう。はっきりとした役割分担がされないまま、「なんとなく」の空気感で決まってしまっている経営体も多いのではないでしょうか。そこをはっきりし、経営者や後継者だけでなく、家族、従業員らを含めて、どのように分担していくか、役割を任せていくかを考えてみましょう。

※「父と長男」だけでなく、「父７長男３」などと割合を記入してみるなど工夫してみましょう。

大項目	中項目	内容（やること）	2023年	2024年	2025年
経営全般	財務	記帳	長男	長男	長男
		仕分け	父	父　長男	父　長男
		申告	父	父	父　長男
	販売	梱包	母　妻	母　妻	母　妻
		配送	母　妻	母　妻	母　妻
		配達	家族全員	家族全員	家族全員
		クレーム対応	父　母	母　長男	母　長男
		商談	父　母	母　長男	母　長男
生産	トマト	作付計画	父　長男	父　長男	父　長男
		防除	父　長男	長男	長男
		施肥	父　長男	長男	長男

記入用は
P.76 から

①経営や生産など、役割を書き出してみましょう。

　※これも大谷翔平さんの目標達成シート（P.66）の考え方がおすすめです。

②書き出した役割について、現在どのように分担しているかを記入しましょう。

③将来に向けて、どの役割を、何年くらいかけて、誰に任せていくのかをイメージしながら、翌年度以降の分担を記入してみましょう。

2026年	2027年	2028年	2029年	2030年	2031年	2032年
長男	長男	長男	長男	長男	長男	長男
父 / 長男	長男	長男	長男	長男	長男	長男
父 / 長男	父 / 長男	長男	長男	長男	長男	長男
妻	妻	妻	妻 / 長男	妻 / 長男	妻 / 長男	妻 / 長男
妻	妻	妻	妻 / 長男	妻 / 長男	妻 / 長男	妻 / 長男
家族全員	家族全員	家族全員	家族全員	家族全員	家族全員	家族全員
長男 / 妻	長男 / 妻	長男 / 妻	長男 / 妻	長男 / 妻	長男 / 妻	長男 / 妻
長男 / 妻	長男 / 妻	長男 / 妻	長男 / 妻	長男 / 妻	長男 / 妻	長男 / 妻
長男	長男	長男	長男	長男	長男	長男
長男	長男	長男	長男	長男	長男	長男
長男	長男	長男	長男	長男	長男	長男

本

事業承継の第一歩は「出島戦略」から

「後継者がいつまでも頼りない」「先代が意見やアイデアを聞いてくれない」というのは、事業承継あるある。その拮抗状況では、「だから事業承継が進まない」まっしぐら。わかってはいるけど、頼りない状態のまま仕事を権限移譲し始めるのはリスクが多いし、意見を聞いてくれないから承継されてから実施する〜と言ってもいつまでも承継されない……みたいな負のサイクルが出来上がってしまいます。

解決方法としては、出島戦略が有効。江戸時代に長崎にて開かれていた「出島」のごとく、全体の鎖国制度からは独立した小さな領域＝出島を設け、小さく経験値を積ませる。小さい領域なので、経営全体から見てもリスクは小さい。その範囲内であれば、成功すれば自信がつくし、失敗しても反省して活かせば、大きな経験値となります。

当初、後継者育成という側面から「出島戦略が大事っすよ〜」と言っていたんですが、伊東くんとのやり取りを密にしていくうちに「おや、もしかすると、バトンパス後の経営者の居場所としても、出島って有効なのでは？」という仮説を立てるに至りました。経営全体に関わると、どうしても手が出る、口が出る。そりゃ、わがままな性格じゃなくても、気になるし口を出したくもなるもの。経験値が違うんでね。良かれと思ってそうなることも。それを「バトンパスしたんだから黙っとけ〜」とするのは、むしろ先代に構ってほしいかのように見える……「おいおい口喧嘩しにきたのか？ おしゃべり君」と、スラムダンクの洋平みたいなセリフが出てこないよう、居場所を作ることに注力するのが良いです。

ウチの場合、「コレやってくれる？」といった誘導を聞いてくれたわけではなく、「気持ちよく作業し続けてもらえると助かる」「一緒の居場所だとケンカになって建設的じゃないよね」という合意形成だけはしておいて、摩擦を繰り返していくうちに現在の居場所に落ち着きつつある、といった流れです。

これは、家族の話なのですが、集落営農組織や企業的な場合は、仕組み化する必要もあるでしょうね。それでも、「出島戦略」の有効性は変わらないと思います。ぜひ、やってみてください！

コラム

アトツギベンチャー思考

　「ベンチャー型事業承継」の提唱者であり、一般社団法人ベンチャー型事業承継代表理事の山野千枝さんの著書『アトツギベンチャー思考 社長になるまでにやっておく55のこと』(日経BP)がおすすめです。

　事業承継を経験したことがない方々が事業承継でやるべきことをゼロから考えるのは大変なわけですが、この本には事業承継を経験された方々の「これをやっておけばよかった！」というお話がたくさん盛り込まれています。みなさんがやることリストを考える際の大きなヒントになるはずですよ。

　「農家の事業承継ノート」は、誰でも簡単に取り組めるように出来る限りシンプルに作ったつもりです。ですので、機械的に確認すれば記入できる内容もたくさん盛り込んでいます。一方で「アトツギベンチャー思考」は、そんな簡単なものではないなと感じました。これは決して難しいという意味ではないんです。読者のみなさんの核心を突くような話がたくさんあって、何度も何度も読み込んで、みなさんの心の中で「自分たちはどうする？」という考えを整理整頓をする必要があるなと思うんです。この作業ってめちゃくちゃ深いんです。そしてめちゃくちゃ大事なんです。これを繰り返していくことで、みなさんの事業承継に対する考えがどんどんブラッシュアップされて、クリアなものになっていくはずです。

　それと勝手に面白いなと思ったのは、「農家の事業承継ノート」に取り組むことで、結果的に「アトツギベンチャー思考」の内容を具体化する作業につながる部分もあるんじゃないかと思います。

　なにより事業承継は後継者が主体になってやらないと進まないケースが多いはずです。この本が後継者の背中を押す一冊になることは間違いなし！　ぜひ、読んでみてください。

『アトツギベンチャー思考　社長になるまでにやっておく55のこと』
山野千枝(日経BP社)

【ワークシート5−1】 やることリスト　記入編①

大項目	中項目	内容（やること）	いつまで	
			年	月
			年	月
			年	月
			年	月
			年	月
			年	月
			年	月
			年	月
			年	月
			年	月
			年	月
			年	月
			年	月
			年	月
			年	月
			年	月
			年	月
			年	月

実行	D 成果	C 課題	A 改善
☐			
☐			
☐			
☐			
☐			
☐			
☐			
☐			
☐			
☐			
☐			
☐			
☐			
☐			
☐			
☐			
☐			

【ワークシート5－2】やることリスト　記入編②

P			
大項目	中項目	内容（やること）	いつまで
			年　　　月
			年　　　月
			年　　　月
			年　　　月
			年　　　月
			年　　　月
			年　　　月
			年　　　月
			年　　　月
			年　　　月
			年　　　月
			年　　　月
			年　　　月
			年　　　月
			年　　　月
			年　　　月
			年　　　月
			年　　　月

実行	D 成果	C 課題	A 改善
☐			
☐			
☐			
☐			
☐			
☐			
☐			
☐			
☐			
☐			
☐			
☐			
☐			
☐			
☐			
☐			
☐			

【ワークシート 5－3】役割分担表 記入編 ✍

大項目	中項目	内容(やること)	20　　年	20　　年	20　　年	

20　　年	20　　年	20　　年	20　　年	20　　年	20　　年	20　　年

STEP⑥
事業承継計画を作成しよう

　STEP⑥では、事業承継計画を立てましょう。まずは目標期限を設定し、STEP⑤で考えたやることリストをちりばめていきましょう。

事業承継の目標期限を定める

「いつまでにバトンパスしますか？（P11）」のところで、退く日を一旦決めていましたよね。ここまで話し合いを重ねてきて、その時に決めた日のままという方もおられれば、やはり変更したいという方もおられるのではないでしょうか。恐らく後者の方が多いのではないかと思いますが、ここで今一度目標期限を定めてみましょう。

「経営者が65歳」「後継者が30歳」「4年後の法人化」「面積が〇〇haを超える見込みの5年後」など、節目となる時期を目安にすると良いかもしれません。年齢やライフイベント、大規模な設備投資に法人化など、経営体によってそれぞれです。

　ここが具体的に、明確に決まれば、その日に向けてラストスパートです。ゴールはもう目の前に！

目標期限：20　　　年　　　月　　　日

その日は、＿＿＿＿＿＿＿＿＿＿＿＿＿＿＿＿＿＿の日です。

【ワークシート6−1】事業承継計画（数値）

①年齢とその他項目の過去3か年分の数値を埋めましょう。

②地元集落の農地の動向を踏まえ、今後どれくらいの農地が集積されていくかを予測し、将来の経営規模を考えましょう。

③その経営規模の前提で、どういった作物や品種をどれくらい栽培していくかを考えましょう。

④その栽培に必要な労働力と、見込まれる売上と農業所得を考えましょう。

※将来の数値は現時点で正確に予測することが困難かもしれませんが、目標値でも良いので記入してみましょう。

年	年齢					雇用		農地			作物名・品種名				経営	
	父	母	後継者	妻	長男	常時	臨時	自作地	借入地	合計面積	水耕	大豆	飼料用米	麦	売上	農業所得
	(歳)	(歳)	(歳)	(歳)	(歳)	(人)	(人)	(a)	(a)	(a)	(a)	(a)	(a)	(a)	(万円)	(万円)
2020年(3年前)	67	63	33	32	8	0	2	100	1,500	1,600	800	200	500		1,675	670
2021年(2年前)	68	64	34	33	9	0	2	100	1,600	1,700	800	200	600		1,760	704
2022年(1年前)	69	65	35	34	10	0	2	100	1,700	1,800	800	200	700	400	2,205	882
2023年(現在)	70	66	36	35	11	0	2	100	1,800	1,900	800	200	800	500	2,380	952
2024年(1年後)	71	67	37	36	12	0	2	100	1,900	2,000	800	300	800	600	2,520	1,008
2025年(2年後)	72	68	38	37	13	0	2	100	1,900	2,000	800	650	800	700	2,785	1,114
2026年(3年後)	73	69	39	38	14	0	2	100	1,900	2,000	800	650	800	800	2,785	1,150
2027年(4年後)	74	70	40	39	15	0	2	100	1,900	2,000	800	650	800	900	2,965	1,186
2028年(5年後)	75	71	41	40	16	0	2	100	1,900	2,000	800	650	800	1,000	3,055	1,222
2029年(6年後)	76	72	42	41	17	0	2	100	1,900	2,000	800	650	800	1,000	3,055	1,222
2030年(7年後)	77	73	43	42	18	0	2	100	1,900	2,000	800	650	800	1,000	3,055	1,222
2031年(8年後)	78	74	44	43	19	0	3	100	1,900	2,000	800	650	800	1,300	3,325	1,330
2032年(9年後)	79	75	45	44	20	0	3	100	1,900	2,000	800	650	800	1,500	3,505	1,402

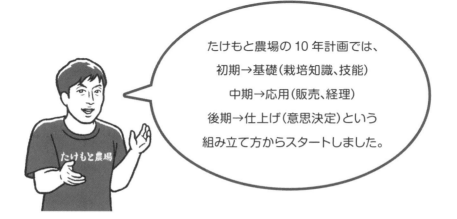

たけもと農場の10年計画では、初期→基礎（栽培知識、技能）中期→応用（販売、経理）後期→仕上げ（意思決定）という組み立て方からスタートしました。

【ワークシート 6-2】事業承継計画（やることリスト）

① これまでに既に取り組んできたことがあれば、過去の欄に記入しましょう。

② 設定した目標期限を意識して、ＳＴＥＰ⑤で考えたやることリストの中から優先順位が高いもの
をピックアップし、記入しましょう。文字で書きにくい場合は、割り振った番号を記入しましょう。

③ 特定の時期に詰め込みすぎないように、農繁期や農閑期、次年度以降など、時期や年数を意識
してちりばめてみましょう。

④ 場合によってはＳＴＥＰ⑤へ戻って、やることリストを何回も考えてみましょう。

年／月	時期未定	1月	2月	3月	4月	5月
2020年 （3年前）			経営セミナーに参加し、計画づくりに着手！		第1回 経営継承会議	
2021年 （2年前）		第4回 経営継承会議			第5回 経営継承会議	
2022年 （1年前）		第8回 経営継承会議		年間作業スケジュールを作成した	第9回 経営継承会議	
2023年 （現在）		【1-1】台帳整備 【1-2】Z-GIS 【11-1】農業者年金加入		【7-1】SNS開始	【10-1】リース勉強会	【8-1】県農業青年連絡協議会加入
2024年 （1年後）		【10-2】海外短期研修 【4-1】顧問税理士契約	【4-2】確定申告準備	【9-1】農福連携開始		
2025年 （2年後）		【10-3】税務研修	【5-3】家系図作成			【3-5】認定農業者の更新
2026年 （3年後）			【5-4】家訓作成			
2027年 （4年後）			【5-5】経営理念作成	【9-1】家族経営協定見直し	◆目標期限◆4/1 株式会社八代目仁太郎を設立	
2028年 （5年後）		【9-2】雇用（家族以外）				
2029年 （6年後）	【11-1】農家カフェOPEN					
2030年 （7年後）					【8-2】県農業法人協会加入	
2031年 （8年後）					法人設立5周年	
2032年 （9年後）						

ここが正念場！

最初から完璧なものを作ろうとすると大変なので、
仮置きでも良いので一旦記入して見て、実践しながら修正していきましょう。
※特に直近の5年以内にどれだけ具体的なやることリストを
盛り込めるかが重要です。

6月	7月	8月	9月	10月	11月	12月
	第2回 経営継承会議			第3回 経営継承会議		家族経営協定 締結
	第6回 経営継承会議			第7回 経営継承会議	おおいた農業 経営塾に初めて 参加した	
	第10回 経営継承会議	夏季座談会に 初めて参加した		第11回経営継 承会議(経営継 続計画完成！)		大型特殊免許を 取得した
	【7-2】DM作成		【7-3】HP開設	【12-1】顧客 リスト作成		【2-1】農機具の セルフメンテ ナンス
【7-4】クレーム 対応マニュアル 作成	【7-5】ネット 販売		【7-5】取引先 訪問		【5-6】沿革作成	【6-1】フォーク リフト技能認定
【3-1】新商品開 発(農業経営相談 所専門家活用)	【3-2】商標登録			【3-3】グローバ ルGAP認証		【6-2】ドローン 技能認定
						【6-3】狩猟免許 取得

Point！

事業承継計画は見やすく作ることも大事です。
本来であれば、
ステップ5「やることリストを整理しよう」で考えたやること(具体的な内容)を
全て書き込む方が良いかもしれませんが、各自で書き方も工夫してみましょう。

【番号で記入する方法】
「1-3」のような分類番号、枝番号だけを記入する方法がおすすめです。

【中項目(キーワード)で記入する方法】
「台帳整備」や「Z-GIS整備」のような
中項目だけを記入する方法がおすすめです。

【ワークシート6－1】事業承継計画（数値）記入編

年	年齢					雇用	
						常時	臨時
	（歳）	（歳）	（歳）	（歳）	（歳）	（人）	（人）
20　年							
20　年							
20　年							
20　年 （現在）							
20　年 （1年後）							
20　年 （2年後）							
20　年 （3年後）							
20　年 （4年後）							
20　年 （5年後）							
20　年 （6年後）							
20　年 （7年後）							
20　年 （8年後）							
20　年 （9年後）							
20　年 （10年後）							

農地			作物名・品種名				経営	
自作地	借入地	合計面積					売上	農業所得
(a)	(a)	(a)	(a)	(a)	(a)	(a)	（　万円）	（　万円）

【ワークシート 6-2】事業承継計画（やることリスト）記入編

年／月	時期未定	1月	2月	3月	4月	5月
20　年 （3年前）						
20　年 （2年前）						
20　年 （1年前）						
20　年 （現在）						
20　年 （1年後）						
20　年 （2年後）						
20　年 （3年後）						
20　年 （4年後）						
20　年 （5年後）						
20　年 （6年後）						
20　年 （7年後）						
20　年 （8年後）						
20　年 （9年後）						

6月	7月	8月	9月	10月	11月	12月

宣言書

　このページに到達しているみなさんは、事業承継を真剣に考え、何回もの話し合いを行い、様々な意見をぶつけ合い、ここまで来られているはずです。心からの敬意を表したいと思います。お疲れさまでした。

　ここで一つの区切りということで、みんなでその内容を確認し、納得して取り組んだ証として宣言書という形で記録を残しておきたいと思います。

【ワークシート6-3】宣言書

宣言書

本書で取り組んだ内容は、お互いに納得し、作成をしました。

これから一緒に協力して、家族や従業員、関係機関の皆さんの協力を得ながら、

前向きに実践していくことを宣言します。

　　　　　　　　　　　　　　　　　　　年　　　月　　　日

経 営 者 _____

後 継 者 _____

支 援 者 _____

コラム

ポップな儀式が必要

日本農業法人協会の会長をされていた香山勇一さん（熊本県）は、早々に息子に社長の座を譲りました。新社長就任祝賀会では、多数の来場者の前で、新社長である息子さんに「負債」と書かれた黒い大きな箱を渡すというセレモニーを行いました。

　僕なりに解釈すると、こういった少しポップな儀式は、後継者側にとって大きな意味があるんじゃないかと思いますね。多くの後継者は、作業やオペレーターから始めている人が多いと思うので、経営面の意識が低い人も多いと思うんですね。当たり前だけど借金もふくめて受け継ぐということで経営者としての自覚が高まるんじゃないかと思うんです。

　それだけじゃなくて、わざわざ人前でやるということにそれ以上の意味があったはずですね。これによって息子さんが社長になったんだと周囲の人間も見るわけですよね。これって相当大きいんじゃないかと。身内だけで内々に事業承継を進めるよりも、対外的にオープンにしていくことで、実権も着実に後継者に移っていくんじゃないでしょうかね。

　そういえば僕らの出版記念イベントでも、竹本さんのお子さんに「期待」と書いたカバンをプレゼントするセレモニーをやりましたね（エールを送るという意味で、中身は全農グループのニッポンエールご当地グミ全種）。これもみんながいる前でやりましたけど、お子さんが大きくなった時に、思い出してくれたらいいな。

　この宣言書もポップな儀式の一環なんですよね。次ページの「気持ちを伝えるシート（AFTER）」とあわせて、ポップに取り組んでみてほしいです。

気持ちを伝えるシート（AFTER）

経営者　→　後継者

当初の気持ちを伝えるシート（P.16）から、心境の変化はありますか？ これまでの話し合いなどを振り返って、改めて後継者に伝えたいことが出てきているのではないでしょうか。この本に取り組む前とはまた違う景色が見えているはずです。感謝の気持ちも込めて書いてみましょう。

経営者

①これまでの話し合いをして感じたことはなんでしょうか。

②最後に後継者にメッセージをお願いします。

後継者　→　経営者

気持ちを伝えるシート（AFTER）

　当初の気持ちを伝えるシート（P.17）から、心境の変化はありますか？ これまでの話し合いを振り返って、改めて後継者の自覚が生まれてきているのではないでしょうか。経営者へのメッセージを書いてみることで今後の自身の経営方針も出てくることでしょう。

後継者

①これまでの話し合いをして感じたことはなんでしょうか。

②最後に経営者にメッセージをお願いします。

「後継者の後継者」へ
メッセージを残しましょう。（経営者のみなさんへ）

　　バトンは経営者のあなたから後継者へ渡されました。そしてそのバトンは、いつの日かまた誰かに渡される日が来るはずです。その時は何十年後になるでしょうか。その頃、農業はどうなっているでしょうか。きっと、後継者が、その次の後継者にバトンパスをする際も、今回みなさんが葛藤した何倍もの葛藤をすることでしょう。その時にあなたのメッセージが残されていれば、後押しする力になるのではないでしょうか。その時のために、メッセージを残しておきましょう。

～まだ見ぬ後継者の後継者へ～

（コラム）

まだ見ぬ子へ

僕が生まれる1年前に五代目伊東仁太郎にあたる曾祖父喜太郎じいちゃんが亡くなりました。両親曰く、僕は喜太郎じいちゃんの生まれ変わりだということで、「太郎」という字を貰って「悠太郎」という名前になったらしいです。僕は写真でしか喜太郎じいちゃんを知らないけれど、どんな思いで水稲種子を作ってきたのかを聞いてみたいんです。だけど、それは永遠に叶わないわけです。

そして、この着想は、僕と同じ町出身で32歳の若さでこの世を去った医師・井村和清さんの遺稿『飛鳥へ、そしてまだ見ぬ子へ』（祥伝社黄金文庫）からもヒントを得ています。飛鳥さんは長女、当時奥さんのお腹の中には次女清子さんがいましたが、願いも虚しく会うことなく和清さんは亡くなりました。しかし、当時の思いを綴った遺稿は、書籍として、ドラマとして、そして映画にもなり、後世につながってきています。

事業承継というのは、経営者と後継者の二者だけを考えがちですが、我々の前には先代がいて、後にもつづいていくはずで、たくさんの人々がいる中で、たまたまその二者をクローズアップして見ているだけだと思うんです。だから先代たちのメッセージが遺されていれば、それはまだ見ぬ後継者たちの背中を押すものになるんじゃないかと思うんです。

便利な時代になったので、文字としてだけではなく、動画にしておくのも良いかもしれませんね。左のページは、100年後のまだ見ぬ後継者たちのためのページです。

実践講座展開中

事業承継講座では、農業者や支援者がみんなで対話を繰り返しながら、事業承継計画の作成をめざします（写真提供／JAグループ滋賀）

滋賀県では、全国で先駆けて２０２２年度から事業承継講座を展開しています。JA滋賀中央会（JA滋賀担い手サポートセンター）が企画し、県内JAを通じて農業者が参加しています。参加条件は、経営者と後継者だけでなく、支援者となるJA職員の三者で参加することにしています。僕らがこれまで事業承継と叫び続けてきて、共感までは行くけれど実践には至らないというのが課題だと思っていました。だからこそ、こういった実践の場をどんどん作っていきたいんですよね。わざわざ定期的に集まって、みんなでやるっていうのはすごい大事じゃないかと思うんです。やっている中身はいたってシンプルで、事業承継ノートの内容を順番にやっていくこと、Z−GISに情報を蓄積することの２つだけ。全然難しくないし、ゴールもはっきりしていて、確実に手ごたえを感じています。やっぱり単純に「きっかけがないだけ」なんだろうなと。

僕や竹本さんが全力でサポートするので、ぜひ全国の行政やJAでやってみませんか？

【参加したみなさんからのコメント】

◆第1期生として親子で参加した安居佑馬さん

「父も私も頻繁に話したり、これからのことについてよく議論するから大丈夫！…と思っていた時期がありました…第三者の意見を交えての講座は、新たな問題の発見もでき、その場でしか話せない気持ちも話せました。一世一代にとどまらない問題を解決できる、良い機会を有意義な時間で過ごせる、一生モノの価値を感じられる素晴らしい講座でした。」

◆安居さん親子をサポートしたJA東びわこの岩崎恵美さん

「農業において事業承継とは、技術の承継、土地や財産の相続だけにとどまらないと実感しました。経営者が築き上げてきたものを確実に次世代へ引き継ぐことのサポートをJAとしても今後も更に力を入れていかなくてはと感じました」

◆講座を主催した小林弘幸センター長

「初めはどれだけの参加者があるかとても不安でしたが、始まってみればたくさんのご参加を頂き、反響の大きさを感じています。親子やJA職員との対話が回を重ねるごとに深まって行き、皆さんが理解・納得してできた事業承継計画は非常に大切な成果です。次世代の後継者が経営者として大きく成長されるきっかけ作りである事業承継を、我々JAグループとしても、ますます積極的に継続して支援していきたいと思います」※2022年当時の肩書です。

（コラム）

早いに越したことはない

兵庫県の藤木農園では、僕の講演をきっかけに、50代の父・茂さんと40代の母・悦子さんから、20代の長男・茂暁くんへのバトンパスに向けた取り組みに着手し、色々とサポートをさせて頂きました。「さすがにまだ早いやろ〜」と言う感想を持つ人が多いのではないかと思いますが、僕は早いに越したことはないと思います。

悦子さんは、「夫に万が一のことがあったら、困るのは息子。我が家の経営の多くは夫の頭の中で完結してしまっていて、それを見えるようにしてしっかりと伝えるだけで、時間はどれだけあっても足りない」と仰います。

熊本県の有限会社コウヤマでも、香山勇一さん（P.87にも登場）は社長の座をサッと後継者に譲って、六十の手習いで短期大学に入学し、お菓子の勉強をされました。「人生の第3コーナーを回った最後のバックストレートが、ちょうど60歳からの黄金の15年」ということで、今も様々なことに挑戦され、人生を謳歌されています。

経営者が50歳前後になったら、10年かけて事業承継を進め、60歳くらいできれいに譲って、第二、第三の人生を描いていくという生き方がもっとスタンダードになってほしいと心から思いますね。

（※家の光2022年7月号より）

株式会社クボタのオンラインイベント
「GROUND BREAKERS」のサイトで、藤木さんや香山さんが登場されている動画をご覧いただけます。

香山さんが登場！

藤木家の事業承継！

株式会社クボタ
【GROUND BREAKERS】
親と子の視点で語る、我が家の事業承継
YouTube動画が公開中（2022年10月公開）
※数年後には動画が削除されている場合もあります

事業承継を考えることは人生を考えること

「事業承継ノート」を取り組んでみてどうでしたか? 色々なことを考えるきっかけになっていればと願うばかりです。

STEP②ではライフプランでしたね。例えば「結婚する・しない」という選択はほとんどの人がすることになるだろうし、もし結婚するとすれば、「子どもを産む・産まない」という次の選択が出てきますよね。結婚は相手がある話だからしたくても出来ないケースもあるし、子どももそう。授かりものですからね。

最近は、墓じまいや実家じまいみたいな「〇〇じまい」っていうのがトレンドになっている気がするけど、辞めるとか無くすとか、一見マイナスに見えるような決断もしていく必要があるでしょうね。決めずに放置していることが悪だとすれば、こういう判断もどんどんしていくべきじゃないかと思います。

STEP③では家系図や沿革でしたね。僕が就農を決めたのは、家系図が実は大きな理由なんですよね。幼くして亡くなっている先祖もたくさんいるし、北海道に開拓に行った先祖もいたんです。その一人ひとりの歴史があって、今の僕がいる。当たり前のことなんだけど、「続く」ということに価値があるのかなと思ってしまったんですね。

STEP④から⑥では、実態を把握して計画を作ってきましたね。ここはまさに農業を中心とした話し合いだったと思いますが、その過程でも色々なことを感じたんではないでしょうか。

僕は「事業承継を考えることは人生を考えること」だと思っています。本書の内容はもちろんのこと、エンディングノートや人生会議(もしものときのために、あなたが望む医療やケアについて前もって考え、家族等や医療・ケアチームと繰り返し話し合い、共有する取組のこと)、遺言書にもつながる話だと思っています。

自分が死ぬときに、「農業のことは後継者に任せたから安心」「家族のことも伝え忘れたことはないから大丈夫」「自分のやりたいこともやれた」と自信を持って思いたいですよね。本書が、事業承継はもとより、もっともっと大きな視点で皆さんの人生を考えるきっかけになれば幸いです。

「人生会議」してみませんか
厚生労働省 (mhlw.go.jp)

コラム

オンラインコミュニティ「あとつぎ荘」に集まれ！

オンラインコミュニティ「あとつぎ荘」を開設しました。

ＬＩＮＥのオープンチャットを利用し、「入居者」どうしの交流、不定期に開催するオンラインミーティングを通じて、知見を身につけ成長できる場を目指しています。入居という名の参加をし、待っていれば折目正しく一からレクチャーを受けることができるような趣旨ではないので、これによってもたらされるのは「情報」よりも「機会」であるべきかな、と構想しています。

ネーミングから、後継者の集いという匂いがプンプンしますが、思いとしては、いろんな属性の方に交わってほしいという思いがあります。新規就農者もゆくゆくは事業承継が待ち受けているし、身近に承継を後押しして欲しい人もゴロゴロいる。譲る側、受ける側、支援者という役割のどれかに、誰しもなりえることを思えば、狭い"ムラ"を形成するのはナンセンスですよね。切磋琢磨ってのがボク（竹本）の大好物なので、運営者という立場にして、特等席で参加しています。

事業承継に関する講演や第1弾本を出し、反響がある一方で「これって事業承継うまくいった青いTシャツのポジショントークじゃない？」というフェーズにもなったように感じます。言われたことはあまりないけど、ボク自身も感じてしまった感覚。それは本意ではないので、何かできることないかなーと思い、立ち上げたオンラインコミュニティが「あとつぎ荘」というコミュニティね。

ボク自身、コミュニティに育てられたり、救われたりした経緯があります。4Hクラブやアグリファンド石川、中小企業家同友会（これは辞めてしまったが）で周りに影響を受けているうちに、スラムダンクの桜木みたく、"どさくさに紛れて成長"できたんだと思っています。もし読者のアナタの、周りに良いコミュニティがあるなら、無理に入れとは言わないけれど（ウルウル目）、オンライン上で緩やかにつながりを作るくらいの意気込みで参加してもらえればと思います。公開部屋でないので、知らない人が入ってこない前提の運営方法ですが、この本を手に取ってくれた人は理解者だという認識で、ご招待します！ ノートに書き込む作業も、経営者との対話も、そう簡単には進みませんよね？ 同じ思いをしている「あとつぎ荘」の仲間と切磋琢磨しながら（時にねぎらいながら）歩を進めていきましょう。まずは一歩！

・ポッドキャスト「青いＴシャツ24時」
・オープンチャット「あとつぎ荘」

まずはアクセスしてみて下さい！
事業承継の話題がいっぱい！

青いTシャツ24時　　　あとつぎ荘

伊東悠太郎（いとう・ゆうたろう）

富山県の水稲種子農家の長男として生まれ、2009 年に JA 全農に入会。『事業承継ブック』の発行や、「Z-GIS」の開発などに携わる。18 年に退職し、実家を継ぎ就農。農業のかたわら、事業承継士として全国で講演などを行う。「農業界の役に立ちたい」代表。

竹本彰吾（たけもと・しょうご）

大学卒業後、（有）たけもと農場（石川県）に入社。全国農業青年クラブ連絡協議会の会長や、アグリファンド石川の会長を歴任。合言葉は「＃農業をなりたい職業ナンバーワンに」。農系ポッドキャスト「青いTシャツ24時」を配信。

デザイン	株式会社はりまぜデザイン
イラスト	波打ベロ子
DTP	天龍社
Special thanks	結城こずえ、桑高史之、前田佳寛、新田祥子、宮沢みえ、牧野恵美

本書はJA全農およびNPO法人農家のこせがれネットワークが共同で発行した
『事業承継ブック〜親子間の話し合いのきっかけに〜』をもとに作成しています。

書き込み式でよくわかる

農家の事業承継ノート

2023年11月20日　第1刷発行

著　者	伊東悠太郎　竹本彰吾
発行者	木下春雄
発行所	一般社団法人 家の光協会
	〒162-8448　東京都新宿区市谷船河原町 11
	電話 03-3266-9029（販売）
	03-3266-9028（編集）
	振替 00150-1-4724
印刷・製本	中央精版印刷株式会社